European Train Control System (ETCS)

Ihr Bonus als Käufer dieses Buches

Als Käufer dieses Buches können Sie kostenlos unsere Flashcard-App „SN Flashcards" mit Fragen zur Wissensüberprüfung und zum Lernen von Buchinhalten nutzen. Für die Nutzung folgen Sie bitte den folgenden Anweisungen:

1. Gehen Sie auf **https://flashcards.springernature.com/login**
2. Erstellen Sie ein Benutzerkonto, indem Sie Ihre Mailadresse angeben, ein Passwort vergeben und den Coupon-Code einfügen.

Ihr persönlicher „SN Flashcards"-App Code   57F18-EAFFB-A69C7-1BCA5-7F8C1

Sollte der Code fehlen oder nicht funktionieren, senden Sie uns bitte eine E-Mail mit dem Betreff **„SN Flashcards"** und dem Buchtitel an **customerservice@ springernature.com.**

Lars Schnieder

European Train Control System (ETCS)

Einführung in das einheitliche europäische Zugbeeinflussungssystem

3. Auflage

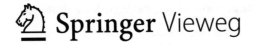

Lars Schnieder
ESE Engineering und
Software-Entwicklung GmbH
Braunschweig, Deutschland

ISBN 978-3-662-66054-6   ISBN 978-3-662-66055-3   (eBook)
https://doi.org/10.1007/978-3-662-66055-3

Die Deutsche Nationalbibliothek verzeichnet diese Publikation in der Deutschen Nationalbibliografie; detaillierte bibliografische Daten sind im Internet über http://dnb.d-nb.de abrufbar.

Planung/Lektorat: Alexander Gruen
Springer Vieweg ist ein Imprint der eingetragenen Gesellschaft Springer-Verlag GmbH, DE und ist ein Teil von Springer Nature.
Die Anschrift der Gesellschaft ist: Heidelberger Platz 3, 14197 Berlin, Germany

Vorwort zur 3. Auflage

Grenzüberschreitende Mobilität war im europäischen Schienenverkehr lange Zeit geprägt von technischen, betrieblichen und auch normativen Hemmnissen. Unterschiedliche Traktionsstromsysteme, verschiedene Spurweiten aber auch unterschiedliche Zugsteuerungs- und Zugsicherungssysteme sorgten dafür, dass die Eisenbahn gegenüber anderen Verkehrsträgern zunehmend weniger wettbewerbsfähig war. Im letzten Jahrzehnt des letzten Jahrhunderts wurde in der Europäischen Union der rechtliche Rahmen zum Aufbau eines einheitlichen Eisenbahnsystems geschaffen. Seither wurden umfassende technische Spezifikationen für das einheitliche Zugbeeinflussungssystem ETCS sowie harmonisierte Normen als Grundlage europaweit einheitlicher Zulassungsprozesse geschaffen. Im Ergebnis beseitigt dies ein zentrales technisches Hemmnis im grenzüberschreitenden Zugverkehr. ETCS steigert die Wettbewerbsfähigkeit der Eisenbahn durch die Erhöhung ihrer Sicherheit, Leistungsfähigkeit und Wirtschaftlichkeit.

Meine berufliche Tätigkeit in der Eisenbahnzulieferindustrie, meine berufsbegleitende Lehre an wissenschaftlichen Hochschulen sowie die Praxis in meinen internationalen Beratungs- und Begutachtungsprojekten zeigt den Bedarf, die Grundsätze des Zugsteuerungs- und Zugsicherungssystems ETCS in einer deutschsprachigen Publikation prägnant zusammenzufassen. Dieses Buch soll Studierenden und Praktikern der Bahnbranche einen schnellen Einstieg in das Thema ermöglichen. Darüber hinaus soll es Anknüpfungspunkte für eine weitergehende Recherche bieten.

Den folgenden Herstellern der Eisenbahnsignaltechnik sei an dieser Stelle für die freundliche Abdruckgenehmigung von Bildern gedankt:

- Alstom S.A.
- Bombardier Transportation Signal Germany GmbH
- Deutawerke GmbH
- HASLERRAIL AG
- Lenord, Bauer & Co. GmbH
- Siemens Mobility GmbH

Ein Dank gebührt auch Herrn Dr. Alexander Grün vom Springer Verlag für die lang-jährige Zusammenarbeit. Zum Abschluss ist mir ein Hinweis zum Sprachgebrauch in diesem Buch wichtig. Die Begrifflichkeiten im ETCS sind generell englischsprachig. Aus Projekten im deutschsprachigen In- und Ausland werden von den Spezifikations-dokumenten abweichende deutschsprachige Begriffe verwendet.

Ich habe diese deutschen Begriffe aus didaktischen Gründen in diesem Buch ver-wendet.

Priv.-Doz. Dr.-Ing. habil. Lars Schnieder

Inhaltsverzeichnis

Abkürzungsverzeichnis

ASCI	Advanced Speech Call Items
AssBo	Assessment Body (Bewertungsstelle)
ATO	Automatic Train Operation
ATP	Automatic Train Protection
BSC	Base Station Controller
BTM	Balise Transmission Module
BTS	Base Transceiver Station
CENELEC	Comité Européen de Normalisation Électrotechnique
CMD	Cold Movement Detection
CSD	Circuit Switched Data
CSM	Common Safety Methods
DeBo	Designated Body (Bestimmte Stelle)
DMI	Driver Machine Interface
eMLPP	enhanced Multi-Level Precedence and Preemption service
EoA	End of Authority
EOLM	End of Loop Marker
ERA	European Railway Agency
ERTMS	European Rail Traffic Management System
ESG	ETCS signalgeführt
ETCS	European Train Control System
EVC	European Vital Computer
FFFIS	Form Fit Function Interface Specification
FIS	Functional Interface Specification
FRMCS	Future Railway Mobile Communication System
GNSS	Global Navigation Satellite System
GSM-R	Global System for Mobile Communication Railway
KMC	Key Management Center
LEU	Lineside Electronic Unit
LoA	Limit of Authority
LZB	Linienförmige Zugbeeinflussung

MA	Movement Authority
MRSP	Most Restrictive Static Speed Profile
MSC	Mobile Services Switching Centre
NoBo	Notified Body (Benannte Stelle)
NNTR	notifizierte nationale technische Regeln
NTC	National Train Control
PSD	Packet Switched Data
PZB	Punktförmige Zugbeeinflussung
QoS	Quality of Service
RBC	Radio Block Center
SRS	System Requirements Specification
STM	Specific Transmission Module
SvL	Supervised Location
TIMS	Train Integrity Monitoring System
TSI	Technische Spezifikation für die Interoperabilität
TSR	Temporary Speed Restriction (Langsamfahrstelle)
TVM	Transmission Voie-Machine
VGCS	Voice Group Call Service
VBS	Voice Broadcast Service

Historie und Motivation für das European Train Control System

In den letzten mehr als hundert Jahren haben sich in Europa sehr stark national geprägte Eisenbahnsysteme herausgebildet. In der Vergangenheit erschwerten technische und betriebliche Hemmnisse einen grenzüberschreitenden Bahnverkehr oder machten diesen in der Praxis gar unmöglich. In der Folge war der Verkehrsträger Schiene im intermodalen Wettbewerb zunehmend nicht mehr wettbewerbsfähig. Dieses einführende Kapitel stellt dar, warum die Einführung eines einheitlichen Zugbeeinflussungssystems in Europa erforderlich ist (vgl. Abschn. 1.1). Darauf basierend werden die mit der Vereinheitlichung von Zugbeeinflussungssystemen verbundenen Ziele vorgestellt (Abschn. 1.2). Abschließend wird ein kurzer Abriss über die zeitliche Entwicklung der Harmonisierungsaktivitäten gegeben (Abschn. 1.3).

1.1 Notwendigkeit der Harmonisierung von Zugbeeinflussungssystemen

Aus historischen Gründen entwickelten die europäischen Eisenbahnen unterschiedliche Verfahren zur Zugsteuerung und Zugsicherung. Eisenbahninfrastruktur- und Eisenbahnverkehrsunternehmen nutzen bis heute vorwiegend eigene, nationale Systeme mit entsprechenden Außensignalen für den konventionellen Bahnverkehr oder eine nationale Ausprägung der Führerstandssignalisierung für den Hochgeschwindigkeitsverkehr. Teilweise werden bei einem Bahnbetreiber auch mehrere unterschiedliche Zugbeeinflussungssysteme eingesetzt. Aus diesem Grund existieren heute europaweit immer noch über 20 verschiedene Zugsteuerungs- und Zugsicherungssysteme. So kommen beispielsweise allein in Deutschland die Punktförmige Zugbeeinflussung (PZB), die Linienförmige Zugbeeinflussung (LZB) sowie die Geschwindigkeitsüberwachung für Neigetechnikzüge (GNT) zum Einsatz. Auch in Frankreich kommen mit dem „Crocodile", dem System Contrôle de vitesse par balises (KVB) und dem System

Transmission Voie-Machine (TVM) insgesamt drei nationale Systeme zum Einsatz. In der Schweiz wurden die vorhandenen nationalen Systeme Signum und ZUB 121 an die Datenübertragung mittels Eurobalise angepasst. Diese Vielfalt der Zugbeeinflussungssysteme hat die folgenden grundsätzlichen Nachteile:

- *Mehrfachausrüstung:* Die Mehrfachausrüstung von Fahrzeugen mit einer Vielzahl von Zugsteuerungs- und Zugsicherungssystemen führt zu erheblichen Mehrkosten für die erforderlichen Investitionen. Außerdem ist der in jedem Land für jedes Zugsteuerungs- und Zugsicherungssystem zu durchlaufende Zulassungsprozesse zeitaufwendig. Möglicherweise steht auf den Fahrzeugen auch nicht der jeweils benötigte Einbauraum für Fahrzeugrechner, Bedien- und Anzeigegeräte im Führerstand, die erforderlichen Sensoren zur Weg- und Geschwindigkeitsmessung sowie Antennen zur Datenübertragung zwischen Fahrzeug und Strecke zur Verfügung.
- *Fahrzeugwechsel an der Landesgrenze:* Erforderliche Wechsel des Triebfahrzeugs an der Landesgrenze führen dort zu längeren Betriebshaltezeiten. Dies verlängert entsprechend die Reisezeiten. Hierdurch sinkt die Attraktivität der Bahn im verkehrsträgerübergreifenden Wettbewerb.

1.2   Zielsetzung der Harmonisierung von Zugbeeinflussungssystemen

Die bestehenden Probleme insbesondere im grenzüberschreitenden Verkehr mit fragmentierten Märkten waren Auslöser für das von der europäischen Eisenbahnindustrie vorangetriebene Gemeinschaftsprojekt European Rail Traffic Management System (ERTMS). Ziel dieses Vorhabens ist die Schaffung eines einheitlichen Zugsteuerungs- und Zugsicherungssystems sowie der zugehörigen Signalgebung. Die wesentlichen Bestandteile von ERTMS sind das europäische Zugsicherungssystem (European Train Control System – ETCS) sowie der Teil der Kommunikation (Global System for Mobile Communication – Railway – GSM-R). Mit der Einführung des europäischen Zugbeeinflussungssystems ETCS sind die folgenden Erwartungen verbunden:

- *ETCS zur Schaffung eines freien Marktzugangs:* Insbesondere für den öffentlichen Sektor sind die öffentliche Ausschreibung und die transparente diskriminierungsfreie Vergabe von Lieferungen und Leistungen grundlegende rechtliche Anforderungen. In der Vergangenheit war ein Wettbewerb unterschiedlicher Anbieter wegen proprietärer signaltechnischer Systemlösungen nahezu unmöglich. Durch technische Standards wird die Grundlage technisch einheitlicher Systeme (ERTMS) geschaffen. Darüber hinaus rücken auch transparente und diskriminierungsfreie Zulassungsprozesse in den Vordergrund. ETCS bettet sich in einen umfassenden europäischen Zulassungsprozess mit verbindlichen Aufgaben und Verantwortlichkeiten der verschiedenen Beteiligten ein. Die Grundlage der Zulassung im Sinne einheitlich anzuwendender Spezifikationen, zu berücksichtigender harmonisierter Normen und notifizierter nationaler technischer Regeln (NNTR) sind transparent und werden für alle Marktteilnehmer diskriminierungsfrei angewendet.

- *Interoperabilität durch ETCS:* Personen- und Güterzüge verkehren zukünftig verstärkt grenzüberschreitend und passieren auf ihrem Laufweg mehrere Länder. Folglich ist die Interoperabilität eine fundamentale Anforderung für einen zukunftsorientierten Bahnbetrieb. Bestehende Hindernisse für die Interoperabilität im Eisenbahnsystem sind traditionell verschiedene Spurweiten, unterschiedliche Lichtraumprofile, die Traktionsstromversorgung, vor allem aber auch die unterschiedlichen eingesetzten Zugsteuerungs- und Zugsicherungssysteme. Europaweit mehr als 20 verschiedene nationale Zugbeeinflussungssysteme machen es unmöglich, für alle Zugsicherungs- und Zugsteuerungssysteme zugleich die hierfür erforderlichen Antennen unter dem Fahrzeug, die Schaltschränke im Fahrzeug und die entsprechenden Anzeigen im Führerstand zu verbauen. Die Lösung für dieses Problem ist ein einheitliches Zugsteuerungs- und Zugsicherungssysteme, in welchem die Fahrzeuggeräte beliebiger Hersteller mit den Streckeneinrichtungen beliebiger Hersteller zueinander kompatibel sind. Insofern ist ETCS auch die technische Grundlage für einen diskriminierungsfreien Netzzugang der verschiedenen Verkehrsunternehmen in den verschiedenen Mitgliedsländern der Europäischen Union.

- *ETCS als Beitrag zu einem sicheren und qualitätsgerechten Betrieb:* Bestehende nationale Zugsteuerungs- und Zugsicherungssysteme haben oftmals Einschränkungen bezüglich des erreichbaren Sicherheitsniveaus. In vielen Netzen besteht die Notwendigkeit, alte Zugsteuerungs- und Zugsicherungssysteme gegen neuere und sicherere Systeme auszutauschen. Für höhere Geschwindigkeiten ist wegen der Schwierigkeit, Lichtsignale frühzeitig erkennen zu können, ein Übergang zu einer Führerstandssignalisierung erforderlich. In diesem Fall unterstützt das Zugsteuerungs- und Zugsicherungssystem den Triebfahrzeugführer beim sicheren Führen des Zuges bis hin zu einer höheren Automatisierung des Betriebsablaufs (Winter et al. 2009).

- *Erhöhung der Streckenleistungsfähigkeit mit ETCS:* Eisenbahninfrastrukturunternehmen müssen die Streckenleistungsfähigkeit bestehender Infrastrukturen der steigenden Verkehrsnachfrage anpassen. Die Errichtung neuer Strecken oder Bahnhöfe ist kostenintensiv, zeitaufwendig oder gegebenenfalls wegen politischer, räumlicher oder planerischer Randbedingungen gar nicht möglich. Daher ist es das Ziel der Netzbetreiber, die Leistungsfähigkeit bestehender Strecken durch fortgeschrittene Sicherungsverfahren bis zu den technischen/physikalischen Grenzen auszuschöpfen (Bartholomeus et al. 2011; Eichenberger 2007). Ein Schlüssel hierzu ist – wie bei städtischen Schienenverkehrssystemen bereits heute üblich (Schnieder 2021) – eine Abkehr von der Regelung der Zugfolge durch das Fahren im festen Raumabstand und eine Hinwendung zu einem Fahren im wandernden Raumabstand im ETCS Level 3 (Pachl 2016).

- *Reduktion der Lebenszykluskosten durch ETCS:* Die Eisenbahninfrastruktur folgt langfristigen Technologiezyklen. Einmal getroffene Investitionsentscheidungen bestimmen langfristig die Kostenbasis insbesondere der Eisenbahninfrastrukturunternehmen. Herstellerunabhängige Standards erhöhen den Wettbewerb, ermöglichen den Herstellern höhere Stückzahlen gleichartiger Produkte mit niedrigeren Fertigungskosten und senken dadurch für die Betreiber die Investitionskosten. Eine bidirektionale funkunterstützte Übertragung signaltechnischer Informationen erlaubt darüber hinaus den Verzicht auf ortsfeste Signale sowie im ETCS Level 3 gegebenenfalls auch auf technische Systeme zur Gleisfreimeldung entlang der Strecke. Hieraus resultierende massive Einsparungen in der Instandhaltung rechtfertigen über die typischerweise langen Lebensdauern technischer Systeme für Bahnanwendungen gegebenenfalls höhere Investitionskosten für eine leistungsfähige Signaltechnik (Wolberg und Kiefer 2000).

- *ETCS als Grundlage der Automatisierung:* Auf Basis des Europäischen Zugsicherungssystems ETCS wird ein halbautomatischer Zugbetrieb möglich. Das aufeinander abgestimmte Zusammenwirken von Zugbeeinflussung (Automatic Train Protection, ATP), Automatic Train Operation (ATO) sowie streckenseitigen Dispositionssystemen erlaubt eine sofortige Reaktion auf unvorhersehbare Störungen und Fahrplanabweichungen (Tasler und Knollmann 2018). Damit leistet ein halbautomatischer Betrieb auf Basis des ETCS einen Beitrag zu einer stabilen Betriebsabwicklung. Darüber hinaus wird mit ATO eine Optimierung von Geschwindigkeitsprofilen möglich, was einen positiven Einfluss auf die Energieeffizienz des Bahnbetriebs hat.

Der Schwerpunkt dieses Buches ist das European Train Control System (ETCS). Für das Verständnis eines funkbasierten Zugsteuerungs- und Zugsicherungssystems wird hierbei auf GSM-R nur insoweit Bezug genommen, wie dies für das Verständnis von ETCS erforderlich ist.

1.3   Umsetzung der Harmonisierung von Zugbeeinflussungssystemen

Die Kommission der Europäischen Union hat die bestehenden Defizite Mitte der 90'er Jahre des letzten Jahrhunderts erkannt und ein umfangreiches Maßnahmenpaket zur Restrukturierung des Eisenbahnsektors erlassen. Dieses Maßnahmenpaket zielt neben der Verwirklichung der vier Grundfreiheiten im europäischen Binnenmarkt (Freiheit des Kapital-, Waren-, Dienstleistungs- und Personenverkehrs) auf einen qualitätsgerechten, leistungsfähigen und wirtschaftlichen Eisenbahnverkehr. In der Folge wurden mehrere sogenannte Eisenbahnpakete erlassen, welche in mehreren Richtlinien auf eine Harmonisierung des Rechtsrahmens für den Bau, die Zulassung und den Betrieb von Eisenbahnen in der Europäischen Union zielen (Salander 2019). In der Konkretisierung dieser rechtlichen Vorgaben begann die Ausarbeitung einer einheitlichen Spezifikation des European Train Control Systems.

SN Flashcards

Als Käufer*in dieses Buches können Sie kostenlos unsere Flashcard-App „SN Flashcards" mit Fragen zur Wissensüberprüfung und zum Lernen von Buchinhalten nutzen.

1. Gehen Sie bitte auf https://flashcards.springernature.com/login und
2. erstellen Sie ein Benutzerkonto, indem Sie Ihre Mailadresse angeben und ein Passwort vergeben.
3. Verwenden Sie den folgenden Link, um Zugang zu Ihrem SN Flashcards Set zu erhalten: https://sn.pub/M4Za6a

Sollte der Link fehlen oder nicht funktionieren, senden Sie uns bitte eine E-Mail mit dem Betreff „SN Flashcards" und dem Buchtitel an customerservice@springernature.com.

Literatur

Bartholomeus M, van Touw B, Weits E (2011) Capacity effects of ERTMS level 2 from a Dutch perspective. Signal + Draht 103(10):34–40

Eichenberger P (2007) Kapazitätssteigerung durch ETCS . Signal + Draht 3(99):6–14

Pachl J (2016) Systemtechnik des Schienenverkehrs – Bahnbetrieb planen, steuern und sichern. Springer Vieweg, Wiesbaden

Salander C (2019) Das Europäische Bahnsystem. Springer, Wiesbaden

Schnieder L (2021) Communications-Based Train Control (CBTC) – Komponenten, Funktionen und Betrieb. Springer, Berlin

Tasler G, Knollmann, V (2018) Einführung des hochautomatisierten Fahrens – auf dem Weg zum vollautomatischen Bahnbetrieb. Signal + Draht 110(6):6–14

Winter P et al (2009) Compendium on ERTMS. DVV Media Group GmbH, Hamburg

Wolberg J, Kiefer J (2000) Life Cycle Costs – Die Kosten von Betrieb Wartung und Verfügbarkeit. SignalDraht 92(6):19–22

Regelungsrahmen des European Train Control Systems

Mit dem Ziel eines sicheren und leistungsfähigen grenzüberschreitenden Schienenverkehrs hat die Kommission der Europäischen Union seit Mitte der 90′er Jahre des letzten Jahrhunderts umfangreiche rechtliche Regelungen erlassen. Diese wurden nachfolgend von den Mitgliedsstaaten in nationales Recht überführt. In diesem Kapitel wird die grundsätzliche Struktur gesetzlicher Grundlagen auf europäischer Ebene dargestellt (Abschn. 2.1). Abschn. 2.2 stellt die korrespondierenden Regelungen im nationalen Recht dar. Die Struktur der Spezifikationen des ETCS ist Gegenstand von Abschn. 2.3. Eine Darstellung der Zulassungsprozesse in Abschn. 2.4 beschließt dieses Kapitel.

2.1 Europäischer Rechtsrahmen

In den letzten zwanzig Jahren wurde auf europäischer Ebene ein umfassender rechtlicher Rahmen für ein einheitliches europäisches Eisenbahnsystem geschaffen. Nachfolgend werden die verschiedenen Ebenen europäischer Rechtssetzung in Bezug auf das ETCS beschrieben.

2.1.1 Primärrecht und Sekundärrecht

Die rechtlichen Grundlagen innerhalb der Europäischen Union werden in Primärrecht und Sekundärrecht unterschieden. Das *Primärrecht* bezeichnet im Rechtssystem der Europäischen Union die grundlegenden Verträge. Ein Beispiel hierfür sind die Gründungsverträge (bspw. die Römischen Verträge aus dem Jahr 1957 zur Gründung der Europäischen Wirtschaftsgemeinschaft sowie der Vertrag von Maastricht zur Gründung der Europäischen Union aus dem Jahr 1992). Die Gründungsverträge wurden immer wieder durch neue Verträge fortgeschrieben und ergänzt (beispielsweise durch die Ver-

© Springer-Verlag GmbH Deutschland, ein Teil von Springer Nature 2022
L. Schnieder, *European Train Control System (ETCS)*,
https://doi.org/10.1007/978-3-662-66055-3_2

träge von Amsterdam, Nizza und Lissabon). Das Primärrecht enthält die grundlegende Definition der mit der Gründung der Europäischen Union verbundenen Ziele. Dies ist beispielsweise die Schaffung gleicher Lebensverhältnisse in der Europäischen Union sowie die Verwirklichung eines einheitlichen Binnenmarktes.

Das *Sekundärrecht* ist die zweite Säule des Rechtssystems der Europäischen Union. Hierbei handelt es sich auf der Grundlage des Primärrechts erlassene Rechtsakte. Zentral für das ETCS sind hierbei die Richtlinien für die Interoperabilität des Eisenbahnsystems in der Gemeinschaft. Diese Richtlinien sind von den Mitgliedsstaaten nachfolgend in nationales Recht zu überführen – im Gegensatz zu Verordnungen der Europäischen Union, welche unmittelbare rechtliche Wirkung in den Mitgliedsstaaten entfalten. Die Entwicklung des Rechtsrahmens in der Europäischen Union vollzog sich hierbei in mehreren Stufen:

- *Richtlinie 96/48/EG des Rates vom 23. Juli 1996 über die Interoperabilität des transeuropäischen Hochgeschwindigkeitsbahnsystems.* In dieser Richtlinie wurden erstmals die sogenannten grundlegenden Anforderungen (Sicherheit, Zuverlässigkeit und Betriebsbereitschaft, Gesundheit, Umweltschutz, technische Kompatibilität, Zugänglichkeit) festgelegt. Darüber hinaus wurde die Notwendigkeit formuliert, externe Konformitätsbewertungsstellen zu benennen. Außerdem teilt diese Richtlinie das System Bahn in strukturelle und funktionelle Teilsysteme sowie Interoperabilitätskomponenten auf. Die grundlegenden Anforderungen werden in der Richtlinie zunächst nur übergeordnet für alle Teilsysteme definiert (Salander 2019).
- *Richtlinie 2001/16/EG des europäischen Parlaments und des Rates vom 19. März 2001 über die Interoperabilität des konventionellen transeuropäischen Eisenbahnsystems:* Diese Richtlinie weitet den Geltungsbereich der Interoperabilität vom Hochgeschwindigkeitsnetz auf die konventionellen Netze aus. Insofern stellt diese Richtlinie einen weiteren wesentlichen Meilenstein auf dem Weg zu einer umfassenden technischen und betrieblichen Zusammenführung der einzelstaatlichen Eisenbahnsysteme dar (Salander 2019).
- *Richtlinie 2004/50/EG des europäischen Parlaments und des Rates vom 29. April 2004 zur Änderung der Richtlinie 96/48/EG des Rates über die Interoperabilität des transeuropäischen Hochgeschwindigkeitsbahnsystems und der Richtlinie 2001/16/EG des Europäischen Parlaments und des Rates über die Interoperabilität des konventionellen transeuropäischen Eisenbahnsystems:* Diese Richtlinie führt die bestehenden Interoperabilitätsrichtlinien für den konventionellen und den Hochgeschwindigkeitsverkehr zusammen. Diese Richtlinie brachte darüber hinaus keine nennenswerten Neuerungen (Salander 2019).
- *Richtlinie 2008/57/EG des Europäischen Parlaments und des Rates vom 17. Juni 2008 über die Interoperabilität des Eisenbahnsystems in der Gemeinschaft (Neufassung):* Diese Richtlinie enthält eine wesentliche Vereinfachung des Inbetriebnahmeverfahrens von Interoperabilitätskomponenten und Teilsystemen (Salander 2019).

- *Richtlinie (EU) 2016/797 des Europäischen Parlaments und des Rates vom 11. Mai 2016 über die Interoperabilität des Eisenbahnsystems in der Gemeinschaft (Neufassung).* Mit dieser Richtlinie wurde der bereits in anderen Produktbereichen angewendete Dreiklang aus Herstellerverantwortung, Konformitätsbewertung durch unabhängige Prüforganisationen und behördlicher Aufsicht auch für das Eisenbahnsystem eingeführt. Hierbei übertragen die Mitgliedsstaaten ihre verwaltungsrechtlichen Zuständigkeiten, Kompetenzen und Verfahren weitestgehend an die neu geschaffene European Union Agency for Railways (Held und Rübcke 2022).

Die Interoperabilitätsrichtlinie benennt verschiedene für einen grenzüberschreitenden Eisenbahnverkehr essenzielle strukturelle Teilsysteme. Jedes der strukturellen Teilsysteme wird in technischen Spezifikationen für die Interoperabilität (TSI) näher beschrieben. Die TSI enthalten die von den jeweiligen strukturellen Teilsystemen zu erfüllende grundlegende Anforderungen (beispielsweise Sicherheit, Zuverlässigkeit und Verfügbarkeit, Gesundheit, Umweltschutz und technische Kompatibilität). Insgesamt existieren 8 strukturelle Teilsysteme (Angabe in alphabetischer Reihung):

- *TSI CCS:* Verordnung (EU) 2016/919 über die Technische Spezifikation für die Interoperabilität der Teilsysteme „Zugsteuerung, Zugsicherung und Signalgebung" des transeuropäischen Eisenbahnsystems (Recast)
- *TSI ENE:* Verordnung (EU) Nr. 1301/2014 über die Technische Spezifikation für die Interoperabilität des Teilsystems „Energie" des Eisenbahnsystems in der Europäischen Union.
- *TSI INF:* Verordnung (EU) Nr. 1299/2014 über die Technische Spezifikation für die Interoperabilität des Teilsystems „Infrastruktur" des Eisenbahnsystems in der Europäischen Union.
- *TSI LOC&PAS:* Verordnung (EU) 1302/2014 über eine technische Spezifikation für die Interoperabilität des Teilsystems „Fahrzeuge – Lokomotiven und Personenwagen" des Eisenbahnsystems in der Europäischen Union.
- *TSI NOI:* Verordnung (EU) Nr. 1304/2014 über die Technische Spezifikation für die Interoperabilität des Teilsystems „Fahrzeuge – Lärm".
- *TSI PRM:* Verordnung (EU) Nr. 1300/2014 über die Technische Spezifikation für die Interoperabilität bezüglich der Zugänglichkeit des Eisenbahnsystems in der Union für Menschen mit Behinderungen und Menschen mit eingeschränkter Mobilität.
- *TSI SRT:* Verordnung (EU) Nr. 1303/2014 über die Technische Spezifikation für die Interoperabilität des Teilsystems bezüglich der „Sicherheit in Eisenbahntunneln" im Eisenbahnsystem der Europäischen Union.
- *TSI WAG:* Verordnung (EU) Nr. 321/2013 über die Technische Spezifikation für die Interoperabilität des Teilsystems „Fahrzeuge – Güterwagen" des Eisenbahnsystems in der Europäischen Union (mit Änderungsverordnungen).

2.1.2 Harmonisierte Normen

Eine weitere Detaillierung in der für den Gegenstandsbereich dieses Buches relevanten TSI CCS erfolgt durch die Nennung der bei der Entwicklung verbindlich zu berücksichtigenden harmonisierten Normen. Harmonisierte Normen werden im Auftrag der Europäischen Kommission durch europäische Normungsorganisationen erarbeitet. Sie werden im Amtsblatt der Europäischen Union bekanntgegeben. Dabei wird auch der Termin festgelegt, ab dem die Anwendung der Norm, und damit Konformität mit den Anforderungen, möglich ist. Alle europäischen harmonisierten Normen müssen in nationale Normen umgesetzt werden. Dazu im Widerspruch stehende nationale Normen müssen innerhalb eines bestimmten Zeitraums zurückgezogen werden. Die Fundstelle der umgesetzten nationalen Norm muss durch den betreffenden Staat ebenfalls veröffentlicht werden. In Deutschland geschieht dies im Bundesanzeiger. Harmonisierte Normen sind ein Eckpfeiler des freien Waren- und Dienstleistungsverkehrs im europäischen Binnenmarkt. Für die Entwicklung von Sicherungssystemen für Bahnanwendungen gelten die folgenden harmonisierten Normen:

EN 50126: Bahnanwendungen – Spezifikation und Nachweis der Zuverlässigkeit, Verfügbarkeit, Instandhaltbarkeit, Sicherheit (RAMS). Die EN 50126 setzt sich seit der Aktualisierung im Jahr 2018 aus zwei Teilen zusammen. Teil 1 dieser Norm definiert die Eigenschaftsbegriffe Zuverlässigkeit, Verfügbarkeit, Instandhaltbarkeit und Zuverlässigkeit. Es werden dafür die zur Erreichung dieser Eigenschaften bezogenen Aufgaben in den einzelnen Lebenszyklusphasen definiert und es wird ein systematischer Prozess zur Festlegung diesbezüglicher Anforderungen beschrieben. Teil 2 dieser Norm vermittelt den Systemansatz zur Sicherheit und stellt die damit verbundenen Verfahren und Werkzeuge dar.

EN 50129: Bahnanwendungen – Telekommunikationstechnik, Signaltechnik und Datenverarbeitungssysteme – Sicherheitsrelevante elektronische Systeme für Signaltechnik. Diese Europäische Norm ist anwendbar auf sicherheitsrelevante elektronische Systeme (einschließlich Teilsysteme und Einrichtungen) für Eisenbahnsignalanwendungen. Sie enthält neben Anforderungen an die Entwicklung sicherheitsbezogener elektronischer Systeme auch Anforderungen an Inhalt und Struktur des Sicherheitsnachweises.

EN 50128: Bahnanwendungen – Telekommunikationstechnik, Signaltechnik und Datenverarbeitungssysteme – Software für Eisenbahnsteuerungs- und Überwachungssysteme. Diese Norm enthält Anforderungen an den Software-Entwicklungsprozess und konkretisiert diesbezüglich die Vorgaben der EN 50129. Darüber hinaus enthält diese Norm zusätzliche Vorgaben zur Qualifikation des Personals, zur Dokumentation, zum Qualitätsmanagement und zum Vorgehen bei Änderungen an der ausgelieferten Software.

EN 50159: Bahnanwendungen – Telekommunikationstechnik, Signaltechnik und Datenverarbeitungssysteme – Sicherheitsrelevante Kommunikation in Übertragungssystemen. Diese Europäische Norm ist für die digitale Kommunikation zwischen sicherheitsrelevanten elektronischen Systemen anwendbar. Hierbei wird berücksichtigt, dass das

Übertragungssystem nicht notwendigerweise für sicherheitsrelevante Anwendungen entworfen wurde. Hierfür werden verschiedene Sicherheitsmechanismen zur Beherrschung kommunikationsbezogener Gefährdungen vorgegeben.

2.1.3 Notifizierungsverfahren

Grundsätzlich dürfen auch nationale Sicherheitsvorschriften im Europäischen Binnenmarkt nicht als Grundlage einer Diskriminierung von Marktteilnehmern dienen. Daher sind nationale Sicherheitsvorschriften von den Mitgliedsstaaten bei der Kommission der Europäischen Union zu notifizieren. Der Begriff der Notifizierung beschreibt ein Verfahren, in dem die EU-Mitgliedstaaten die Europäische Kommission und in einigen Fällen auch die anderen Mitgliedstaaten über einen Rechtsakt in Kenntnis setzen müssen, bevor dieser als nationale Rechtsvorschrift Geltung entfalten kann. Primärrechtliche Grundlage hierfür ist der Vertrag über die Europäische Union (EUV). Sekundärrechtliche Grundlage ist die Richtlinie (EU) 2015/1535 über ein Informationsverfahren auf dem Gebiet der technischen Vorschriften und der Vorschriften für die Dienste der Informationsgesellschaft (bzw. ihr Vorgänger Richtlinie 98/48/EG über ein Informationsverfahren auf dem Gebiet der Normen und technischen Vorschriften). Verstößt ein Mitgliedsstaat gegen die Notifizierungspflicht, kann dies zu einem Vertragsverletzungsverfahren der Kommission der Europäischen Union gegen den betreffenden Mitgliedstaat führen. Die Anzeige einer nationalen Sicherheitsvorschrift eröffnet der EU-Kommission eine Prüfungsmöglichkeit hinsichtlich der Vereinbarkeit des Rechtsakts mit dem Gemeinschaftsrecht. Im letztgenannten Fall beginnt mit Übermittlung des Rechtsakts die in der Regel zwischen drei und sechs Monate dauernde Sperr- oder Stillhaltefrist. Während dieses Zeitraums besteht ein Durchführungsverbot. In diesem Fall ist es dem Mitgliedstaat untersagt, die Anwendung des betreffenden nationalen Rechtsakts zu veranlassen. Stellt sich heraus, dass der notifizierte Entwurf Hemmnisse für den freien Warenverkehr schaffen kann, dann können die Kommission und die anderen Mitgliedstaaten eine ausführliche Stellungnahme an den Mitgliedstaat, der den Entwurf notifiziert hat, richten. Die ausführliche Stellungnahme hat zur Folge, dass die Stillhaltefrist um drei weitere Monate ausgedehnt wird. Wird eine ausführliche Stellungnahme abgegeben, muss der betroffene Mitgliedstaat die Maßnahmen erläutern, die er aufgrund der ausführlichen Stellungnahme zu ergreifen beabsichtigt. Die Kommission und die Mitgliedstaaten können auch Bemerkungen über einen notifizierten Entwurf vorbringen, der mit dem Recht der Europäischen Union im Einklang zu stehen scheint, dessen Auslegung jedoch eine Klarstellung erfordert. Der betroffene Mitgliedstaat berücksichtigt diese Bemerkungen so weit wie möglich. Die Kommission kann einen Entwurf zudem für einen Zeitraum von 12 bis 18 Monaten sperren, wenn in dem gleichen Bereich Harmonisierungsarbeiten der Europäischen Union durchgeführt werden sollen oder bereits im Gange sind. Das zuvor beschriebene Notifizierungsverfahren ist in Abb. 2.1 dargestellt.

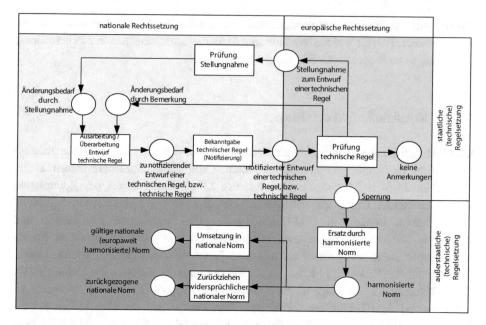

Abb. 2.1 Zusammenspiel europäischer und nationaler staatlicher und außerstaatlicher (technischer) Regelsetzung im Notifizierungsverfahren

2.2   Nationaler Rechtsrahmen

Der nationale Rechtsrahmen in Deutschland besteht aus dem Grundgesetz, förmlichen Gesetzen sowie Rechtsverordnungen. Im Binnenmarkt der Europäischen Union erhalten auch die notifizierten nationalen technischen Regeln eine Bedeutung. Diese rechtlichen Grundlagen werden nachfolgend skizziert.

2.2.1   Nationale Gesetze und Verordnungen

Gemäß Art. 87 des Grundgesetzes liegt die Eisenbahnverkehrsverwaltung des Bundes in bundeseigener Verwaltung. Vom Parlament erlassene Rechtsgrundlage hierfür ist das Allgemeine Eisenbahngesetz (AEG). Auf Grundlage des § 26 AEG ist das Bundesministerium für Verkehr und digitale Infrastruktur ermächtigt, Rechtsverordnungen zu erlassen. Dies ist beispielsweise mit der Eisenbahn-Bau- und Betriebsordnung (EBO) geschehen. Auch für die Umsetzung der Regelungen der europäischen Interoperabilitätsrichtlinien sind Verordnungen erlassen worden. Dies geschah zunächst mit der Verordnung über die Interoperabilität des transeuropäischen Eisenbahnsystems (Transeuropäische-Eisenbahn-Interoperabilitätsverordnung – TEIV) vom 5. Juli 2007, zuletzt geändert am 12. Mai 2016. Allerdings ist mit dieser Richtlinie eine vollständige

Umsetzung der alten Interoperabilitätsrichtlinie noch nicht erreicht worden. Der Gesetzgeber hat sich daher entschieden, auf eine weitere Überarbeitung und Anpassung der TEIV zu verzichten und stattdessen eine völlig neue Verordnung zu erlassen. Im Juli 2018 ist der Text für eine Verordnung über die Erteilung von Inbetriebnahmegenehmigungen für das Eisenbahnsystem (Eisenbahn-Infrastrukturgenehmigungsverordnung – EIGV) verabschiedet und im August 2018 im Bundesgesetzblatt veröffentlicht worden (Salander 2019).

2.2.2 Notifizierte nationale technische Regeln (NNTR)

Dem Grundsatz folgend, dass nationale Sicherheitsvorschriften nicht als Grundlage einer Diskriminierung von Marktteilnehmern dienen dürfen, hat die Bundesrepublik Deutschland technische Regeln bei der Kommission der Europäischen Union zu notifiziert. Es handelt sich hierbei um die folgenden Regelwerke:

- internationale Abkommen
- nationale Gesetze (beispielsweise Allgemeines Eisenbahngesetz [AEG])
- nationale Verordnungen (beispielsweise Eisenbahn-Bau- und Betriebsordnung [EBO], Eisenbahn-Signalordnung [ESO])
- Vorschriften des Eisenbahn-Bundesamtes (beispielsweise Technische Grundsätze für die Zulassung von Sicherungsanlagen [Mü 8004])
- Schriften des Verbandes Deutscher Verkehrsunternehmen
- betriebliche Vorschriften der Deutschen Bahn AG (beispielsweise Richtlinie 408 „Züge fahren und Rangieren")
- Normen des Deutschen Instituts für Normung (nicht harmonisierte Normen)

2.3 Spezifikationen des European Train Control Systems

Das ETCS wird in einer umfassenden Systemdefinition SRS (System Requirements Specification) genau beschrieben. Eine besondere Herausforderung ist das Systemversions-Management, da ETCS auf längere Sicht – das bedeutet im Bereich der Eisenbahnen mehrere Jahrzehnte – in Europa eingesetzt werden soll. In einem solchen Zeitraum unterliegen alle Systemkomponenten des ETCS des Öfteren Veränderungen und Ergänzungen. Aus diesem Grund sind Vereinbarungen zu treffen, die die Systemkomponenten des ETCS möglichst lange einsatzfähig halten und die getätigten Investitionen schützen. Zunächst muss geklärt werden, was eine Systemversion ist, wie die verschiedenen Systemversionen zu bezeichnen sind und wie viele Systemversionen gleichzeitig als Gruppe zusammenwirken können (Dachwald 2007). Die ETCS-Spezifikation kann dabei als ein großer Baukasten von Funktionalitäten verstanden werden, der sich mit jeder neuen Version durch Einfügungen, Löschungen und Anpassungen ändert. Bei der Fortschreibung dieses Standards werden inkompatible größere Änderungen als neue Hauptversionen (Baseline) zusammengefasst. Der Begriff Baseline entstammt der Softwareentwicklung und dient im ETCS der Kennzeichnung der Hauptversionen, das heißt der ersten Versionsziffer. Innerhalb einer Hauptversion können verschiedene Versionen bestehen. Der Unterschied zwischen den Versionen wird in Change Requests (CR) festgehalten, die sich auf Änderungen der Spezifikationsdokumente beziehen (Behrens und Gonska 2016). Die bei der Europäischen Eisenbahnagentur verfügbare ETCS-Spezifikation besteht aus zahlreichen Teilen (sogenannte Subsets). Von diesen Subsets sind manche verpflichtend, manche „nur" informativ. Um eine Interoperabilität an der Schnittstelle zwischen Fahrzeug- und Streckeneinrichtungen zu gewährleisten, wurden umfassende Schnittstellenspezifikationen ausgearbeitet (Interface Specifications). Es gibt zwei unterschiedliche Arten von Schnittstellenspezifikationen (vgl. Abb. 2.2):

- *Functional Interface Specification (FIS):* In diesen Dokumenten wird lediglich das funktionale Verhalten an der betreffenden Schnittstelle festgelegt. Dies ist insbesondere an den Schnittstellen der Fall, wo die Vorgabe eines standardisierten Schnittstellenprotokolls nicht möglich oder beabsichtigt ist. Ein Beispiel hierfür ist die Schnittstelle des ETCS-Fahrzeuggeräts zum jeweiligen Schienenfahrzeug oder die Schnittstelle zwischen dem jeweiligen nationalen Stellwerkssystem und der Funkstreckenzentrale.

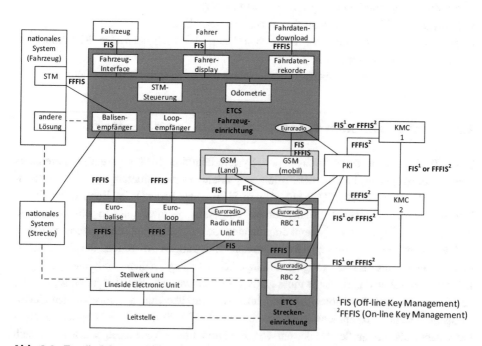

Abb. 2.2 Für die Interoperabilität relevante Schnittstellen

- *Form Fit Function Interface Specification (FFFIS):* Diese Schnittstellenvereinbarung stellt sowohl eine logische als auch eine physikalische Interoperabilität an den Schnittstellen sicher. Ein Beispiel hierfür ist die Luftschnittstelle von Eurobalise und Euroloop zum ETCS-Fahrzeuggerät. Eine solche detaillierte Festlegung von Schnittstellen gestattet das problemlose Zusammenwirken von Komponenten verschiedener Hersteller. Ein weiteres Beispiel einer solchen verbindlichen Festlegung ist die Luftschnittstelle zwischen der Funkstreckenzentrale und dem Fahrzeuggerät (physikalisch über den digitalen Mobilfunk GSM-R auf Grundlage eines einheitlichen Kommunikationsprotokolls für die sichere Datenübertragung EURORADIO sowie einer verbindlichen Festlegung zu übertragender Variablen, Pakete und Botschaften).

2.4   Zulassung des European Train Control Systems

Die Schaffung eines einheitlichen technischen Standards ist für die Verwirklichung der vier Grundfreiheiten im europäischen Binnenmarkt notwendig, aber nicht hinreichend. Um auch in den einzelnen Mitgliedsstaaten einen diskriminierungsfreien Marktzugang für alle Hersteller zu schaffen, sind auch einheitliche Vorgaben für die Zulassung von Komponenten und Teilsystemen des ETCS erforderlich. Mit dem Zertifizierungsverfahren (vgl. Abschn. 2.4.1), einheitlichen Anforderungen an die Zertifizierungsstelle (vgl. Abschn. 2.4.2) sowie dem Ablauf der Konformitätsbewertungen bis hin zur Erteilung der Inbetriebnahmegenehmigung durch die jeweils zuständige Aufsichtsbehörde (vgl. Abschn. 2.4.3) werden die verschiedenen Bausteine des europaweit einheitlichen Zulassungsverfahrens vorgestellt.

2.4.1   Vorgehensweise der Zertifizierung

Zertifizierung bezeichnet die Überprüfung von Produkten, Prozessen, Systeme oder Personen im Hinblick auf ihre Übereinstimmung mit Qualitätsvorgaben aus Gesetzen, technischen Normen, Verordnungen und Richtlinien. Die Zertifizierung ist bei ETCS notwendig, weil europäische Rechtsvorschriften dies verlangen. Dies ist insofern relevant, als dass ein zentrales Ziel bei der Einführung des ETCS die Erreichung der Warenverkehrsfreiheit ist. Warenverkehrsfreiheit kann nicht funktionieren, wenn die jeweils inländischen Behörden für eingeführte Produkte wiederholte Konformitätsprüfungen oder gar im Bestimmungsland ausgestellte Bescheinigungen verlangen. Ausgangspunkt der Umsetzung ist der sogenannte „Modulbeschluss" im europäischen Recht (93/565 EWG). Hierin werden verschiedene Konformitätsbewertungsverfahren („Module") beschrieben (Ensthaler et al. 2007). Bei den Konformitätsbewertungsverfahren wird von dem Prinzip ausgegangen, dass die Wahl des am besten geeignetsten Verfahrens für die Konformitätsbewertung soweit wie möglich dem Hersteller überlassen bleiben sollte. Die Durchführung von Zertifizierungen obliegt den „Benannten Stellen".

Jeder Hersteller kann sich an eine Benannte Stelle seiner Wahl wenden. Für Bahnsysteme werden die Module für die Konformitätsbewertung im Beschluss 2010/713/EU an die spezifischen Bedarfe angepasst. Welche Module für die jeweils zu betrachtenden Gegenstände der Konformitätsbewertungen (beispielsweise strecken- oder fahrzeugseitige Interoperabilitätskomponenten oder Teilsysteme) anzuwenden sind, wird durch die Technischen Spezifikationen für die Interoperabilität (TSI, Verordnung EU 2016/919) verbindlich vorgegeben. Die einzelnen Module werden nachfolgend vorgestellt.

- *Modul B (EG-Baumusterprüfung).* Bei der EG-Baumusterprüfung handelt es sich um den Teil eines Konformitätsbewertungsverfahrens, bei dem eine Benannte Stelle (Notified Body, NoBo) den Gegenstand der Konformitätsbewertung (technische Konzeption einer Interoperabilitätskomponente oder technische Konzeption eines Teilsystems) untersucht, prüft und bescheinigt, dass diese den für den Gegenstand der Konformitätsbewertung geltenden Anforderungen der technischen Spezifikation für die Interoperabilität (TSI) genügt. Hierbei kann die Prüfung auf unterschiedliche Art erfolgen. Die erste Variante ist die Prüfung eines für die geplante Produktion repräsentativen Musters des Gegenstandes der Konformitätsbewertung (Baumuster). Die zweite Variante ist die Bewertung der Eignung des technischen Entwurfs des Gegenstandes der Konformitätsbewertung anhand einer Prüfung gegen technischen Unterlagen und zusätzliche Nachweise, ohne Prüfung eines Musters (Entwurfsmuster). Die dritte Variante ist die Prüfung eines Bau- und Entwurfsmusters. Im Ergebnis stellt die benannte Stelle eine EG-Baumusterprüfbescheinigung aus. Die EG-Baumusterprüfung wird sowohl für fahrzeug- und streckenseitige Interoperabilitätskonstituenten (Modul CB) als auch für fahrzeug- und streckenseitige Teilsysteme (Modul SB) angewendet.
- *Modul D (Qualitätssicherung Produktion):* Hierbei handelt es sich um den Teil eines Konformitätsbewertungsverfahrens, bei dem der Antragsteller ein zugelassenes Qualitätssicherungssystem für die Fertigung, Endabnahme und Prüfung der Gegenstände der Konformitätsbewertung betreibt und einer regelmäßigen Überwachung durch die Benannte Stelle unterliegt. Der Antragsteller erklärt auf seine alleinige Verantwortung, dass die Gegenstände der Konformitätsbewertung dem in der EG-Baumusterprüfbescheinigung beschriebenen Baumuster entsprechen und den dafür geltenden Anforderungen der technischen Spezifikation für die Interoperabilität (TSI) genügen. Der Antragsteller stellt für den Gegenstand der Konformitätsbewertung eine schriftliche EG-Konformitätserklärung (für Interoperabilitätskonstituenten), bzw. – basierend auf einer EG-Prüfbescheinigung der Benannten Stelle – eine EG-Prüfererklärung (für Teilsysteme) aus und hält sie über einen festgelegten Zeitraum für die nationalen Behörden bereit. Das Modul Qualitätssicherung Produktion wird sowohl für fahrzeug- und streckenseitige Interoperabilitätskonstituenten (Modul CD) als auch für fahrzeug- und streckenseitige Teilsysteme (Modul SD) angewendet.
- *Modul F (Prüfung der Produkte):* Hierbei handelt es sich um den Teil eines Konformitätsbewertungsverfahrens, bei dem der Antragsteller alle erforder-

lichen Maßnahmen trifft, damit der Fertigungsprozess und seine Überwachung die Übereinstimmung der hergestellten Produkte mit dem in der EG-Baumusterprüfbescheinigung beschriebenen zugelassenen Baumuster und mit den dafür geltenden Anforderungen der TSI gewährleistet. Eine vom Antragsteller gewählte Benannte Stelle führt die entsprechenden Untersuchungen und Prüfungen durch, um die Übereinstimmung des Gegenstandes der Konformitätsbewertung mit dem in der EG-Baumusterprüfbescheinigung beschriebenen zugelassenen Baumuster und den entsprechenden Anforderungen der TSI zu prüfen. Die Untersuchungen und Prüfungen zur Kontrolle der Konformität des Gegenstandes der Konformitätsbewertung mit den Anforderungen der TSI werden nach Wahl des Antragstellers entweder mittels Prüfung und Erprobung jedes einzelnen Produkts oder mittels einer statistischen Prüfung und Erprobung der Produkte durchgeführt. Der Antragsteller stellt für den Gegenstand der Konformitätsbewertung eine schriftliche EG-Konformitätserklärung (für Interoperabilitätskonstituenten), bzw. – basierend auf einer EG-Prüfbescheinigung der Benannten Stelle – eine EG-Prüferklärung (für Teilsysteme) aus und hält sie über einen festgelegten Zeitraum für die nationalen Behörden bereit. Das Modul Prüfung der Produkte wird sowohl für fahrzeug- und streckenseitige Interoperabilitätskomponenten (Modul CF) als auch für fahrzeug- und streckenseitige Teilsysteme (Modul SF) angewendet.

- *Modul H (Umfassende Qualitätssicherung):* Hierbei handelt es sich um das Konformitätsbewertungsverfahren, mit dem der Antragsteller ein zugelassenes Qualitätssicherungssystem für Konzeption, Fertigung, Endabnahme und Prüfung der betreffenden Gegenstände der Konformitätsbewertung betreibt und einer regelmäßigen Überwachung durch die benannte Stelle unterliegt. Die Eignung des technischen Entwurfs der Gegenstände der Konformitätsbewertung muss von der Benannten Stelle geprüft worden sein. Der Antrag gibt Aufschluss über Entwurf, Herstellung, Instandhaltung und Funktionsweise der Gegenstände der Konformitätsbewertung und ermöglicht eine Bewertung der Übereinstimmung mit den dafür geltenden Anforderungen der TSI. Der Antragsteller stellt für die Gegenstände der Konformitätsbewertung eine schriftliche EG-Konformitätserklärung (für Interoperabilitätskomponenten), bzw. – basierend auf einer EG-Prüfbescheinigung der Benannten Stelle – eine EG-Prüferklärung (für Teilsysteme) aus und hält sie über einen festgelegten Zeitraum für die nationalen Behörden bereit. Das Modul umfassende Qualitätssicherung wird sowohl für fahrzeugseitige als auch für streckenseitige Interoperabilitätskomponenten (Modul CH1) angewendet. Es wird ebenfalls sowohl für fahrzeugseitige als auch streckenseitige Teilsysteme (Modul SH1) angewendet.

- *Modul G (Einzelprüfung).* Hierbei handelt es sich um das Konformitätsbewertungsverfahren, bei dem der Antragsteller technische Unterlagen erstellt und der Benannten Stelle zur Verfügung stellt. Die Unterlagen müssen es ermöglichen, die Konformität des Teilsystems mit den Anforderungen der einschlägigen TSI zu bewerten. In den technischen Unterlagen sind die geltenden Anforderungen aufzuführen und Entwurf,

Fertigung, Installation/Montage und Betrieb des Teilsystems zu erfassen, soweit sie für die Bewertung von Belang sind. Der Antragsteller trifft alle erforderlichen Maßnahmen, damit der Fertigungs- und/oder Installations-/Montageprozess und seine Überwachung die Übereinstimmung des Teilsystems mit den Anforderungen der einschlägigen TSI gewährleisten. Der Antragsteller stellt für die Gegenstände der Konformitätsbewertung – basierend auf einer EG-Prüfbescheinigung der Benannten Stelle – eine EG-Prüferklärung (für Teilsysteme) aus und hält sie über einen festgelegten Zeitraum für die nationalen Behörden bereit. Das Modul Einzelprüfung ist nur für das streckenseitige Teilsystem (Modul SG) zulässig.

2.4.2   Anforderungen an die Zertifizierungsstelle

Die Akkreditierung bestätigt die Qualität des Zertifizierers (beispielsweise der Benannten Stelle). Der Prozess der Akkreditierung läuft immer nach einem feststehenden Schema ab (Ensthaler et al. 2007).

- *Antragsverfahren:* Die Zertifizierungsstelle beantragt bei der fachlich zuständigen Akkreditierungsstelle die Akkreditierung nach DIN EN ISO/IEC 17065.
- *Begutachtungsverfahren:* Der allgemeinen Akkreditierung der Zertifizierungsstelle ist jeweils ein fachspezifisches Gutachten vorgeschaltet. Unter der Leitung von technischen Sachverständigen wird die zu begutachtende Zertifizierungsstelle vor Ort besichtigt. Hierbei müssen von der Zertifizierungsstelle unter anderem die Kompetenz und die Möglichkeit zur neutralen Aufgabenwahrnehmung dargelegt werden. Insbesondere die Neutralität der Zertifizierungsstelle bedarf einer besonderen Betrachtung ihrer *Unabhängigkeit* von fremden Interessen (insbesondere denen der Hersteller) als auch ihrer *Unparteilichkeit* in der Durchführung der Konformitätsbewertung (Roehl 2000).
- *Akkreditierung:* Wenn der Abschlussbericht der Begutachtung positiv ausfällt und auch alle allgemeinen Akkreditierungsvoraussetzungen durch die Zertifizierungsstelle erfüllt sind, empfiehlt ein Akkreditierungsausschuss, dass die Akkreditierungsstelle der Zertifizierungsstelle für den definierten und beantragten Geltungsbereich die Akkreditierung erteilt.
- *Überprüfungsverfahren:* Akkreditierte Zertifizierungsstellen unterliegen auch nach der Verleihung der Akkreditierungsurkunde einem regelmäßigen Überprüfungsverfahren durch die Akkreditierungsstelle.

2.4.3   Voraussetzungen für eine Inbetriebnahmegenehmigung

Sofern Technische Spezifikationen für die Interoperabilität anzuwenden sind, wird eine Inbetriebnahmegenehmigung für Strecken oder Fahrzeuge mit ETCS von der

Aufsichtsbehörde erteilt, wenn der Antragsteller nachweist, die sogenannten grundlegenden Anforderungen erfüllt zu haben. Hierbei hat der Antragsteller insbesondere die technische Kompatibilität und die sichere Integration nachzuweisen. Dieser Nachweis gilt als erbracht, wenn die folgenden Nachweise vorgelegt werden:

- Die Interoperabilität des Zulassungsgegenstands (Interoperabilitätskomponente oder Teilsystem) ist durch eine EG-Prüfbescheinigung einer Benannten Stelle (Notified Body) nachgewiesen worden.
- Die korrekte Umsetzung national notifizierter technischer Vorschriften (NNTR) ist durch eine EG-Prüfbescheinigung einer Bestimmten Stelle (Designated Body) nachgewiesen worden.
- Der Antragsteller erklärt, dass der Bestandteil des Eisenbahnsystems die grundlegenden Anforderungen erfüllt und insbesondere die technische Kompatibilität sowie die sichere Integration gewährleistet sind. Die sichere Integration bedeutet, dass die Eingliederung eines Elements (beispielsweise ein Teilsystem) in das bestehende Eisenbahnsystem keine inakzeptablen Risiken für das Gesamtsystem zur Folge hat. Die Erprobung der sicheren Integration der strukturellen Teilsysteme untereinander passiert mittels Probefahrten. Die Probefahrten sind nur vorübergehender Natur und schließen einen bestimmungsgemäßen Betrieb, insbesondere die Beförderung von Personen und Gütern, aus.
- Der Antragsteller erklärt, dass alle ermittelten Gefährdungen und damit verbundenen Risiken auf einem vertretbaren Niveau gehalten werden. Für den Fall einer signifikanten Änderung muss ein Sicherheitsbewertungsbericht einer unabhängigen Bewertungsstelle (Assessment Body, AssBo) vorgelegt werden (vgl. Abb. 2.3). Maßgeblich hierfür ist das Risikomanagementverfahren nach Verordnung (EU) Nr. 402/2013 über die gemeinsame Sicherheitsmethode (Common Safety Method, CSM) für die Evaluierung und Bewertung von Risiken.

SN Flashcards
Als Käufer*in dieses Buches können Sie kostenlos unsere Flashcard-App „SN Flashcards" mit Fragen zur Wissensüberprüfung und zum Lernen von Buchinhalten nutzen.

1. Gehen Sie bitte auf https://flashcards.springernature.com/login und
2. erstellen Sie ein Benutzerkonto, indem Sie Ihre Mailadresse angeben und ein Passwort vergeben.
3. Verwenden Sie den folgenden Link, um Zugang zu Ihrem SN Flashcards Set zu erhalten: https://sn.pub/M4Za6a

Sollte der Link fehlen oder nicht funktionieren, senden Sie uns bitte eine E-Mail mit dem Betreff „SN Flashcards" und dem Buchtitel an customerservice@ springernature.com

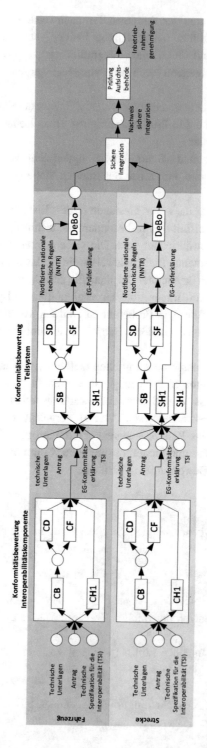

Abb. 2.3 Ablauf der Konformitätsbewertung und Zulassung des ETCS

Literatur

Behrens M, Gonska B (2016) Analyse von Change Request in ETCS. Eisenbahningenieur Kompendium, 289–312

Dachwald, R (2007) Systemversions-Management bei ETCS. Signal + Draht 99(11): 6–10

Ensthaler J, Strübbe K, Bock L (2007) Zertifizierung und Akkreditierung technischer Produkte – Ein Handlungsleitfaden für Unternehmen. Springer, Berlin

Held C, Christoph R (2022) Änderungen an Schienenfahrzeugen – Gemeinsam die Herausforderung meistern. ETR 1+2/2022:49–52

Roehl H-C (2000) Akkreditierung und Zertifizierung im Produktsicherheitsrecht. Springer, Berlin

Salander C (2019) Das Europäische Bahnsystem – Akteure, Prozesse, Regelwerke. Springer Vieweg, Wiesbaden

Ausrüstungsstufen und technische Komponenten

3

Das European Train Control System (ETCS) kennt verschiedene Ausrüstungsstufen. Diese werden in den Spezifikationsdokumenten auch Level genannt. Die Ausrüstungsstufen stehen für unterschiedliche technische und betriebliche Verhältnisse zwischen Strecke und Zug. Die Definition der jeweiligen Ausrüstungsstufe hängt vorwiegend davon ab, mit welchen ETCS-Komponenten die Strecke ausgerüstet ist und wie die Informationen von der Strecke auf den Zug übertragen werden. Mit den verschiedenen Ausrüstungsstufen können Bahnbetreiber die Strecken nach ihren jeweiligen Bedürfnissen und Anforderungen ausrüsten. Fahrzeuge mit ETCS-Fahrzeuggeräten beherrschen die meisten Ausrüstungsstufen. Dies ermöglicht den freizügigen Einsatz der Fahrzeuge auf unterschiedlich ausgerüsteten Strecken in Europa. Abschn. 3.1 beschreibt die Ausrüstungsstufen des ETCS. Um sicherzustellen, dass ETCS-Fahrzeuggeräte eines Herstellers ohne Probleme auf Streckenbereichen mit ETCS-Streckeneinrichtungen eines anderen Herstellers verkehren können, werden in den gültigen ETCS-Spezifikationen entsprechende Schnittstellen verbindlich festgelegt. An der Luftstrecke zwischen Fahrzeug- und Streckeneinrichtungen sind diese Schnittstellen eindeutig herstellerübergreifend festgelegt. Damit sind die Komponenten verschiedener Hersteller zumindest an dieser Schnittstelle grundsätzlich beliebig austauschbar. Innerhalb der ETCS-Streckeneinrichtung sowie der ETCS-Fahrzeugeinrichtung existieren verschiedene unterscheidbare technische Komponenten. Innerhalb der Fahrzeug- und Streckeneinrichtung sind die einzelnen Komponenten untereinander jedoch nicht beliebig austauschbar, da hier eindeutige Festlegungen fehlen. Dieses Kapitel stellt die unterschiedlichen ETCS-Komponenten auf der Strecke (Abschn. 3.2) und auf dem Fahrzeug (Abschn. 3.3) dar. Die Datenkommunikation zwischen Fahrzeug und Strecke wird ebenfalls in diesem Kapitel dargestellt (Abschn. 3.4).

© Springer-Verlag GmbH Deutschland, ein Teil von Springer Nature 2022
L. Schnieder, *European Train Control System (ETCS)*,
https://doi.org/10.1007/978-3-662-66055-3_3

3.1   Ausrüstungsstufen des European Train Control Systems

Die unterschiedlichen Ausrüstungsstufen unterscheiden sich vor allem in der streckenseitigen Ausrüstung (Signale) und in der Art der Informationsübertragung zwischen Strecke und Fahrzeug (punktförmig an diskreten Punkten entlang der Strecke oder kontinuierlich).

- *ETCS Level 0:* Diese Ausrüstungsstufe ist die unterste Funktionsstufe. Strecken, die (noch) nicht mit ETCS ausgerüstet sind, fallen hierunter. Der Triebfahrzeugführer fährt den Zug also nach Maßgabe der bestehenden nationalen Außensignalisierung. Das ETCS-Fahrzeuggerät überwacht die für diese Ausrüstungsstufe im betreffenden Land gültige maximal zulässige Geschwindigkeit, da keine Informationen über die zulässige Fahrweise von der Strecke zum Fahrzeug übertragen werden.
- *ETCS Level NTC:* Diese Ausrüstungsstufe kommt zum Einsatz, wenn mit ETCS ausgerüstete Züge auf Strecken eingesetzt werden sollen, die mit dem bestehenden nationalen Zugsteuerungs- und Zugsicherungssystem (National Train Control, NTC) ausgerüstet sind. Die Ausrüstung von Fahrzeugen basiert auf der Vorstellung, dass ETCS die zukünftige Basisausrüstung für die Strecke und das Fahrzeug ist. Insofern liegt die Verantwortung über die Fahrbewegung des Fahrzeugs zunächst erst einmal beim ETCS. Um die Verantwortung auf ein anderes (nationales) Sicherungssystem zu übertragen, ist eine Kommandierung von einer Streckeneinrichtung (Balise oder Radio Block Centre, RBC) notwendig, oder der Triebfahrzeugführer führt im Stillstand eine manuelle Systemauswahl durch und überträgt damit bewusst einem nationalen System die Verantwortung zur Überwachung der Zugfahrt. Die vom nationalen Zugsteuerungs- und Zugsicherungssystem ermittelten Führungsgrößen werden über die Kommunikationskanäle des nationalen Systems von der Strecke auf das Fahrzeug übertragen. Auf dem Fahrzeug werden diese Informationen vom nationalen Sicherungssystem verarbeitet und dem ETCS-Fahrzeugrechner über die standardisierte STM-Schnittstelle (Specific Transmission Module) übergeben. Das ETCS-Fahrzeuggerät überwacht mittels der erhaltenen Informationen die zulässige Fahrweise des Zuges und leitet bei erkannten Abweichungen eine sicherheitsgerichtete Reaktion ein. Für jedes nationale Zugsteuerungs- und Zugsicherungssystem ist die Umsetzung einer separaten STM-Schnittstelle erforderlich. Der Umfang an Überwachungsfunktionen sowie die dem Triebfahrzeugführer angezeigten Informationen hängen vom jeweiligen Funktionsumfang des unterlagerten nationalen Zugsteuerungs- und Zugsicherungssystem ab.
- *ETCS Level 1:* Diese Ausrüstungsstufe wird dem bestehenden Stellwerk überlagert. In dieser Ausrüstungsstufe bleibt zumeist ein ortsfestes Signalsystem mit nationaler Signalisierung und Gleisfreimeldung in vollem Umfang erhalten (*ETCS Level 1 mit Signalen*). In diesem Fall leitet eine Lineside Electronic Unit (LEU) leitet aus den veränderlichen Signalbegriffen der ortsfesten Signale die erforderlichen Angaben für die

zulässige Fahrweise des Zuges ab. Diese Informationen werden an diskreten Punkten mittels Eurobalisen entlang der Strecke auf das Fahrzeug übertragen. Gegebenenfalls wird mit dem Euroloop eine quasi-kontinuierlich wirkende Übertragungskomponente ergänzt. Der ETCS-Fahrzeugrechner berechnet aus den von der Streckeneinrichtung empfangenen Daten kontinuierlich die höchste zulässige Geschwindigkeit des Fahrzeugs, zeigt diese dem Triebfahrzeugführer auf dem Bedien- und Anzeigegerät (DMI) im Führerstand an und überwacht die auf das Ende einer Fahrterlaubnis ausgerichtete Bremskurve (vgl. Abb. 3.1). Grundsätzlich kann auch im ETCS Level 1 dem Wunsch der Betreiber nach Einsparungen bei der Infrastruktur durch die Reduzierung von Signalen bzw. den Verzicht auf Signale entsprochen werden. Wird im sogenannten *ETCS Level 1 ohne Signale* weitestgehend auf konventionelle streckenseitige Signale verzichtet. Kommt ein Zug vor dem „fiktiven Signal" zum Stehen, so muss dem Triebfahrzeugführer eine Aufwertung der Fahrterlaubnis bekannt gemacht werden. Hierfür wird ein vereinfachtes Signal eingesetzt, welches kostengünstiger als heutige Signale sein kann und dem Triebfahrzeugführer anzeigt, dass in der nächsten Eurobalise eine Fahrterlaubnis gelesen werden kann (Ptok und Salbert 2007).

- *ETCS Level 2:* Dieser Level wird dem bestehenden Stellwerk als funkbasiertes Zugsteuerungs- und Zugsicherungssystem überlagert. Die Überwachung der vollständigen Räumung eines Gleisabschnitts wird nach wie vor von streckenseitigen Gleisfreimeldesystemen (beispielsweise Achszählsystemen oder Gleisstromkreisen) übernommen. Dem Triebfahrzeugführer wird die Fahrterlaubnis auf dem Bedien- und Anzeigegerät (DMI) im Führerstand angezeigt. Die Eurobalisen werden nur als fest programmierte Ortungsbalisen wie „elektronische Kilometersteine" eingesetzt. Sie müssen nicht mehr – wie in ETCS-Ausrüstungsstufe 1 – variabel mit verschiedenen Informationen für die Fahrzeuge versehen werden. Die veränderlichen Führungsgrößen werden nun über eine Funkstreckenzentrale ermittelt und über Funk

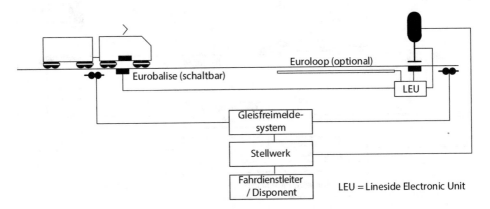

Abb. 3.1 Komponenten in der ETCS Ausrüstungsstufe 1. (Eigene Darstellung in Anlehnung an Pachl 2016)

an die Fahrzeuge übermittelt. Der ETCS-Fahrzeugrechner berechnet und überwacht aus den von der Streckeneinrichtung übermittelten Daten und den Daten des Zuges kontinuierlich die zulässige Höchstgeschwindigkeit und die auf das Ende der Fahrterlaubnis ausgerichtete Bremskurvenschar (Abb. 3.2). Grundsätzlich können zwei unterschiedliche Varianten von ETCS Level 2 unterschieden werden:

– *ETCS Level 2 mit Signalen:* In diesem Fall werden nach wie vor eine Außensignalisierung mit ortsfesten Signalen vorgesehen. Gründe hierfür sind entweder eine unzureichende Ausrüstung der nur mit konventionellen Systemen ausgerüsteten Fahrzeugflotte oder der Wunsch nach einer betrieblichen Rückfallebene im Falle von Störungen der Funkstreckenzentrale.

– *ETCS Level 2 ohne Signale:* Mit Ausnahme von Tafeln kann vollständig auf eine Außensignalisierung mit ortsfesten Signalen verzichtet werden.

• *ETCS Level 3:* In dieser Ausrüstungsstufe wird die Vollständigkeit und die Position des Zuges von einer zugseitigen Ortungseinrichtung bestimmt und über Funk an die Streckenausrüstung übertragen (vgl. Abb. 3.3). Diese Ausrüstungsstufe erlaubt daher einen vollständigen Verzicht auf streckenseitige Gleisfreimeldeeinrichtungen. Dies setzt allerdings voraus, dass alle Züge über eine zugseitige Vollständigkeitserkennung verfügen. Der Einsatz von ETCS Level 3 resultiert in den folgenden Effekten:

– Die Züge folgen einander nicht mehr im Abstand der ortsfesten Gleisfreimeldeabschnitte, sondern im wandernden Raumabstand (sog. Moving Block).

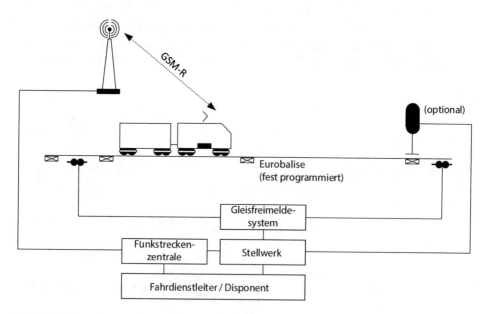

Abb. 3.2 Komponenten in der ETCS Ausrüstungsstufe 2. (Eigene Darstellung in Anlehnung an Pachl 2016)

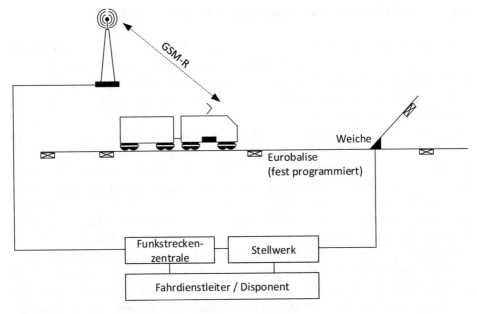

Abb. 3.3 Komponenten in der ETCS Ausrüstungsstufe 3. (Eigene Darstellung in Anlehnung an Pachl 2016)

    Auf diese Weise wird eine verkürzte Zugfolgezeit und damit eine höhere Streckenkapazität möglich.

– Durch den möglichen Entfall der streckenseitigen Gleisfreimeldesysteme reduzieren sich aus Sicht der Eisenbahninfrastrukturunternehmen die Lebenszykluskosten der Infrastruktur (Mitchell 2009). Allerdings verlagern sich die Kosten auf die Fahrzeuge, da diese nun zusätzliche technisch aufwendige Einrichtungen zur Vollständigkeitserkennung auf dem Fahrzeug installieren müssen.

Technisch gesehen bestehen an die Systeme zur Zugvollständigkeitserfassung hohe Anforderungen. Wie die streckenseitigen Gleisfreimeldeeinrichtungen muss auch das System zur Zugvollständigkeitserfassung den höchsten Sicherheitsanforderungen genügen. Auf Hochgeschwindigkeitsstrecken, die mit kurzen Zugfolgezeiten betrieben werden, muss darüber hinaus der Verlust der Zugvollständigkeit in kürzester Zeit erkannt und gemeldet werden (Seiffert 2019). Diese für ETCS Level 3 erforderliche Komponente der ETCS-Fahrzeugeinrichtung wird in Abschn. 3.3 näher erläutert.

3.2 Komponenten der ETCS Streckeneinrichtung

Für das ETCS wurden verschiedene streckenseitige Komponenten spezifiziert. Diese werden nachfolgend vorgestellt.

3.2.1   Punktförmige Übertragungskomponente: Eurobalise

Die *Eurobalise* ist eindeutig funktional und mit ihren Schnittstellen spezifiziert (UNISIG Subset 036). Sie speichert bahnbetriebliche Informationen und überträgt diese an das Triebfahrzeug (Uplink-Signal von der Strecke zum Fahrzeug), wenn dieses die Eurobalise passiert. Es gibt eine Vielzahl von Balisenbefestigungssystemen, bzw. Balisenhalterungssystemen, welche an vielfältige Varianten des Oberbaus (Feste Fahrbahn, Holz-, Stahl- und Betonschwellen unterschiedlichster Ausprägungen angepasst sind (Schygulla et al. 2020). Über die unter dem Fahrzeug angebrachte Fahrzeugantenne wird permanent ein hochfrequentes Aktivierungssignal mit der Frequenz 27,095 MHz ins Gleisbett abgestrahlt. Damit wird die passiv und mittig im Gleis liegende Eurobalise bei Überfahrt durch das Fahrzeug (herstellerübergreifend standardisierte Schnittstelle A4) mit Energie versorgt und aktiviert (vgl. Abb. 3.4). Nach ihrer Aktivierung sendet die Eurobalise kontinuierlich wiederholend ein Telegramm mit der Frequenz 4,24 MHz (herstellerübergreifend standardisierte Schnittstelle A1) an die Fahrzeugantenne zurück (UNISIG Subset 036). Die Fahrzeugantenne empfängt dieses Telegramm und leitet es über die Empfangs- und Übertragungseinheit an den Fahrzeugrechner zur weiteren Verarbeitung weiter. Je nach Verwendungszweck können über Eurobalisen feste oder veränderliche Telegramme übertragen werden:

- *Festdatenbalisen* werden zur Übertragung von unveränderlichen und fest programmierten Daten verwendet. Bei Ortungsbalisen sind dies die eindeutigen Identifikationsnummern der Balisen sowie beispielsweise die Lagekoordinaten der Balisen. Mit diesen Angaben kann die genaue Position des Zuges entlang der Strecke ermittelt werden und die Wegmessung des Fahrzeugs korrigiert werden. Die Festdatenbalisen dienen in diesem Fall als „elektronische Kilometersteine". Festdatenbalisen kommen auch als Anmeldebalisen zum Einsatz. Bei Überfahren initiiert der Zug in diesem Fall die Aufnahme einer Funkverbindung zur Funkstreckenzentrale über den digitalen Mobilfunk (aktuell GSM-R).

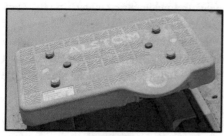
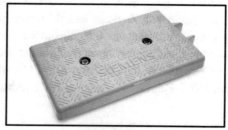

Eurobalise   Eurobalise
(Alstom)   (Siemens)

Abb. 3.4 Beispiele einer Eurobalise. (Quelle: Alstom S.A. und Siemens Mobility GmbH)

- *Transparentdatenbalisen* (auch schaltbare Balisen genannt) werden zur Übermittlung von veränderlichen Informationen benötigt. Bei einer Transparentdatenbalise wird über eine Kabelschnittstelle (herstellerübergreifend standardisierte Schnittstelle C) ein ständig anstehendes Telegramm transparent, also ohne Zwischenspeicherung, an das Triebfahrzeug gesendet. Das Telegramm ist in der Lineside Electronic Unit (LEU) fest gespeichert und wird über eine Zuordnungslogik variabel (beispielsweise in Abhängigkeit des Signalbegriffs) ausgewählt. Erkennt die Eurobalise einen Ausfall der Schnittstelle zur Lineside Electronic Unit, erfolgt eine sicherheitsgerichtete Reaktion. Es wird in diesem Fall automatisch auf ein intern gespeichertes Default-Telegramm umgeschaltet (Bruer 2009).

3.2.2 Quasi-kontinuierliche Übertragungskomponente: Euroloop

Der *Euroloop* ist eindeutig funktional und mit seinen Schnittstellen spezifiziert (UNISIG Subset 044). Der Euroloop ist ein System zur linienförmigen Datenübertragung von der Strecke zum Fahrzeug über begrenzte Entfernungen nach dem Prinzip des Linienleiters. Der Euroloop besteht aus einem im Gleis verlegten elektrisch strahlenden Kabel (vgl. Abb. 3.5 rechts). Die maximale Länge dieses Kabels beträgt 1000 m und entspricht daher einer üblichen Vorsignaldistanz. Der Euroloop wird von einer Eurobalise - dem so genannten End of Loop Marker (EOLM) - angekündigt (Paket 134).

In diesem Paket wird die Entfernung von EOLM zum Euroloop (Variable D_LOOP), die Länge des Euroloops (Variable L_LOOP) sowie auch eine eindeutige Information zur Entschlüsselung des Euroloops (Variable Q_SSCODE mit einem Spread Spectrum Code zur Entschlüsselung des Loop-Telegramms) übertragen. Nur wenn die Ankündigungsbalise vor dem Euroloop vom Fahrzeug überfahren wurde, ist das

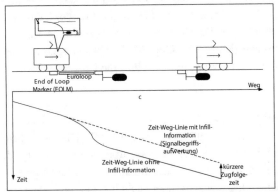
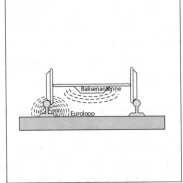

Abb. 3.5 Links: kapazitätssteigernde Wirkung einer quasi-kontinuierlichen Datenübertragung (Signalbegriffsaufwertung); rechts: Montage des Euroloops im Gleis

Fahrzeug im Besitz des Schlüssels. Hierdurch wird verhindert, dass das Fahrzeuggerät Informationen eines Euroloops auf einem benachbarten Gleis auswertet. Dieser Effekt wird auch als „Crosstalk" bezeichnet. Der Euroloop wird durch die Fahrzeugantenne des ETCS-Fahrzeuggeräts aktiviert und sendet zyklisch eine ETCS-Nachricht zum Fahrzeuggerät. Der Euroloop wird zur Steigerung der Streckenleistungsfähigkeit eingesetzt. Der kapazitätssteigernde Effekt des Euroloops ist in Abb. 3.5 dargestellt. Zu dem Zeitpunkt, an dem der vorausfahrende Zug den hinter ihm liegenden Gleisabschnitt räumt, hat der folgende Zug die Eurobalise mit der Ankündigung des Halt zeigenden Signals schon überfahren und befindet sich bereits in einer wirksamen Bremskurvenüberwachung. Ohne die Ausrüstung mit einem Euroloop erhält der Zug erst auf Höhe des nächsten Signals eine Signalbegriffsaufwertung, wenn er die nächste Eurobalise überfährt. Dies ist mit der durchgezogenen Zeit-Weg-Linie in Abb. 3.5 auf der linken Seite dargestellt. Durch die Ergänzung einer quasi-kontinuierlichen Datenübertragung in Annäherung an das Hauptsignal wird dem folgenden Fahrzeug die Aufwertung des Signalbegriffs unmittelbar übermittelt. Hieraus ergibt sich für den folgenden Zug die gestrichelte Zeit-Weg-Linie in Abb. 3.5 auf der linken Seite. Diese frühzeitige Übertragung der Signalbegriffsaufwertung wird auch als Infill-Information bezeichnet. Hierdurch entfallen Zeitverluste für das Bremsen und die Beschleunigung des Zuges. Zugfolgezeiten von Fahrzeugen werden reduziert. Im Umkehrschluss erhöht sich die Streckenkapazität (in Fahrzeugen pro Stunde).

3.2.3   Lineside Electronic Unit (LEU)

Die Lineside Electronic Unit (LEU) dient als Signaladapter. Die Lineside Electronic Unit ist ein nur teilweise standardisiertes Subsystem, da die Schnittstelle zur Fahrwegsicherung nicht verbindlich vorgegeben ist. So kann die Schnittstelle zur Fahrwegsicherung beispielsweise entweder als direkte serielle Schnittstelle zum Stellwerk ausgeprägt sein oder indirekt in Form eines direkten rückwirkungsfreien Abgriffs des Lampenstroms am Lichtsignal. Hieraus resultieren dezentrale Architekturansätze (vgl. Darstellung eines am Gleich montierten Schaltkastens einer dezentralen LEU in Abb. 3.6) und zentrale Architekturansätze (Löwe und Opp 2012). Unabhängig von der Ausprägung der Systemarchitektur (zentral oder dezentral) führt eine LEU verschiedene Funktionen aus:

- *Ermittlung der relevanten Informationen der Signalgebung:* Im dezentralen Architekturansatz ermittelt die LEU den aktuell gültigen Signalbegriff. Die einfachste Möglichkeit ist die rückwirkungsfreie Messung des Lampenstroms direkt am Signal. Hierzu wird der Status von bis zu 12 Signallampen (Signallampe an, Signallampe aus, Signallampe blinkt in verschiedenen Frequenzen) überwacht (Rhein und Vinazzer 2002). Aus den Signalbegriffen des Startsignals lässt sich jedoch nicht immer eindeutig auf den hinter dem Signal folgenden Fahrweg schließen. Beispielsweise folgt

Abb. 3.6 Schaltschrank einer dezentralen Lineside Electronic Unit (LEU) auf der linken Seite und einem Euroloop-Modem auf der rechten Seite. (Quelle: Siemens Mobility GmbH)

hinter dem Einfahrsignal eines Bahnhofs meist ein Weichenbereich. Wie die Weichen liegen, ist aus dem Signalbegriff des Einfahrsignals nicht immer eindeutig ableitbar. Um dieses Problem zu lösen, kommt ein spezieller Anwendungsfall des ETCS „Repositionings" (vgl. Abschn. 4.6.3). zum Einsatz, der jedoch zusätzliche Eurobalisen erfordert und die Projektierung des Gesamtsystems erschwert. Im zentralen Architekturansatz hingegen werden die relevanten Informationen zur Steuerung der Eurobalisen nicht mehr indirekt über das Signal, sondern direkt über den Stellwerkskern ermittelt. Im Stellwerkskern stehen die für die dynamische Steuerung der ETCS-Daten erforderlichen Informationen aus der Fahrstraßenlogik wie z. B. Weichenlagen oder nachfolgende Fahrwege bei Durchfahrten zur Verfügung (Finken, Hamblock und Klöters 2019). Das zuvor erforderliche Repositioning ist somit nicht mehr erforderlich.

- *Zuordnung der ETCS-Daten zur den Informationen der Signalgebung:* Im dezentralen Ansatz wird aus der ermittelten Kombination der angeschalteten Signallampen nachfolgend der Signalbegriff ermittelt. Konfigurationsparameter identifizieren gültige Signalbegriffe und ordnen ungültigen Signalbegriffen entsprechend restriktive Überwachungsdaten zu. Der ermittelte Signalbegriff dient nun als Zeiger in den Listen der per Projektierung in die LEU geladenen Telegramme. Für jede Ausgabeschnittstelle zu einer Eurobalisen- oder Euroloop-Einrichtung existiert in der LEU eine eigene Liste.

Die hierdurch selektierten Telegrammdaten werden zyklisch über die herstellerüber-greifend standardisierte Schnittstelle C (UNISIG Subset 036) an die angeschlossenen Eurobalisen oder über das Euroloop-Modem an den Euroloop übertragen und von diesen an das Fahrzeug gesendet (Werdel et al. 2003). Im dezentralen Ansatz müssen bei Änderungen der ETCS-Projektierung die neuen Daten an den korrekten LEU-Standorten manuell programmiert werden. Die Projektierungsänderung ist somit eine zeitaufwendige und koordinativ anspruchsvolle Aufgabe (Finken, Hamblock und Klöters 2019). Im zentralen Architekturansatz erhalten alle Transparentbalisen ihre Daten von einem zentralen Datenspeicher aus dem Stellwerk und müssen nicht mehr dezentral vor Ort „programmiert" werden, wie dies üblicherweise bei dezentralen Architekturansätzen stattfindet. Dies beschleunigt erheblich den Inbetriebnahmevor-gang und erleichtert Änderungen der ETCS-Projektierung. Ein manuelles Verteilen der Daten im Feld entfällt bzw. ist nur noch für die wenigen Festdatenbalisen notwendig (Finken, Hamblock und Klöters 2019).

- *Übertragung der ETCS-Daten mittels Eurobalisen:* Sowohl im zentralen Ansatz als auch im dezentralen Ansatz senden die von der LEU gesteuerte Eurobalisen im Normalfall die durch die LEU vorgegebene Information. Daneben beinhalten sie aber außerdem ein eigenes (festes) Telegramm, das bei Ausbleiben der LEU-Daten gesendet wird. Dieses „Default"-Telegramm bewirkt eine sichere Bremsung des Fahr-zeugs in den Stillstand (zum Beispiel gleichbedeutend mit einem Halt zeigenden Signal), der Triebfahrzeugführer erhält einen Hinweis auf eine Störung (Werdel et al. 2003).

3.2.4   Radio Block Center (RBC)

Das Radio Block Center (RBC): Die Funkstreckenzentrale ist das Herzstück der streckenseitigen ETCS-Ausrüstung im ETCS Level 2. Die Funkstreckenzentrale ermittelt aus den aktuellen Zustandsdaten der Fahrstrecke eines Zugs die Fahrterlaub-nis (Movement Authority, MA) und überträgt diese an den Zug. Hierzu muss das RBC statische und dynamische Streckendaten kennen. Die dynamischen Streckendaten (Lage und Zustandsmeldungen der Signale und Weichen) werden vom elektronischen Stellwerk an die Funkstreckenzentrale übermittelt. Zur Speicherung dieser gemeldeten Daten und zur internen Darstellung der Streckeneigenschaften wird in der Funkstreckenzentrale ein Streckenatlas als Prozessabbild verwendet. Der statische Anteil des Streckenatlas wird projektiert (vgl. Abb. 3.7). Das reale Streckennetz wird hierbei in der Funkstrecken-zentrale über einen gerichteten Graphen mit Knoten und Kanten abgebildet (Lehr 2005). Dieses Knoten-Kanten-Modell zur Darstellung der topologischen Verknüpfungen besteht aus Weichen und Gleiskanten. Die Weiche stellt dabei einen Knoten, das Gleis eine Gleiskante dar. Die Eurobalisen sind ebenfalls in der modellierten Gleistopologie abgebildet. Sie bilden die Grundlage für das gemeinsame Koordinatensystem von Fahr-zeug- und Streckeneinrichtungen. Alle von der Streckeneinrichtung an die Fahrzeug-einrichtung übertragen Informationen sind auf dieses Koordinatensystem bezogen (beispielsweise Gradienten- und Geschwindigkeitsprofil). Die Funkstreckenzentrale interagiert mit verschiedenen Umsystemen. Die einzelnen Schnittstellen der Funk-streckenzentrale zu ihren Umsystemen werden nachfolgend beschrieben:

Schnittstelle zwischen Funkstreckenzentrale und Fahrwegsicherung: Stellwerke sichern die Fahrwege und übergeben Informationen über den Sicherungszustand des Fahrweges an die Funkstreckenzentrale. Die Funkstreckenzentrale übernimmt diese veränderlichen Fahrweginformationen in ihren Streckenatlas. Im Streckenatlas sind auch streckenbezogene Informationen (unter anderem Gradienten) enthalten. Diese Informationen werden mit den veränderlichen Fahrweginformationen zum Fahr-befehl für das Fahrzeug verknüpft. Umgekehrt übergibt die Funkstreckenzentrale auch Informationen an das Stellwerk. Ein Beispiel hierfür ist das Dunkelschalten möglicher-weise nach wie vor an der Strecke vorhandener optionaler Signale für einen in ETCS Ausrüstungsstufe 2 geführten Zug. Dies soll für den Triebfahrzeugführer widersprüch-liche Signalbegriffe zwischen der Führerstandssignalisierung und den ortsfesten Signalen vermeiden (Zoeller 2002). Ein weiteres Beispiel für Daten, die von der Funk-streckenzentrale an das Stellwerk übergeben werden können, ist der Zuglenkanstoß. Während in der konventionellen Stellwerkstechnik die Anstoßpunkte, die das Ein-stellen von weiterführenden Fahrstraßen auslösen, fix projektiert waren (Zoeller 2002), kann der Zuglenkanstoß bei ETCS-Strecken zeitoptimiert durch die Funkstrecken-zentrale erfolgen. Da den Zügen stets ausreichend weit voraus ein gesicherter Fahrweg zu bieten ist, um nicht unnötig in eine Bremskurvenüberwachung zu geraten, sind die

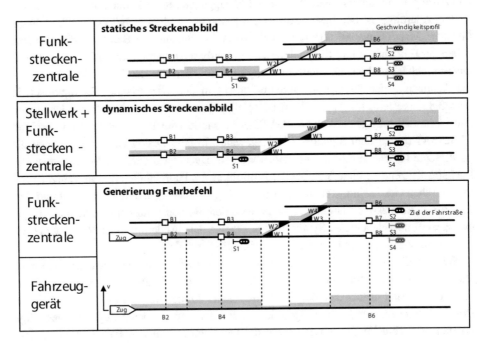

Abb. 3.7 Generierung eines Fahrbefehls durch die Funkstreckenzentrale

Anstoßpunkte in der konventionellen Stellwerkstechnik immer auf die maximal mögliche Höchstgeschwindigkeit ausgelegt worden. Das kann im Fall langsamerer Züge oder bei Gleiswechsel mit reduzierten Geschwindigkeiten zu früh sein. Da die Fahrzeuggeräte die Bremseigenschaften der Züge und die von der Funkstreckenzentrale übermittelten Streckeneigenschaften kennen, kann das Fahrzeuggerät über die Funkstreckenzentrale die jeweiligen Anstöße zeitlich optimal an das Stellwerk senden und damit die Strecke effizienter nutzen (Fuß et al. 2019).

Schnittstelle zwischen Funkstreckenzentrale und Betriebsleittechnik: Grundsätzlich sind verschiedene Bedienhandlungen des Leitstellenpersonals möglich, über die der Fahrdienstleiter direkt Restriktionen in der Funkstreckenzentrale eingeben kann. Bei der Einbettung in bestehende Strukturen von Bedienoberflächen kann die RBC-Bedienung entweder in die bestehende Bedienoberfläche integriert werden oder eine neue (zusätzliche) RBC-Bedienoberfläche geschaffen werden. Wird die RBC-Bedienung in eine vorhandene Bedienoberfläche integriert, sind die vorhandenen Bedien- und Anzeigefunktionen des Bedienplatzes zu übernehmen und zu erweitern (z. B. Elementmenüs, zusätzliche Symbole). Damit unterliegt die Anzeige des RBC aber meist engen Vorgaben des vorhandenen Systems, allerdings erfolgt die Bedienung dann innerhalb des vorhandenen Bediensysteme. Ein gesonderter Monitor mit eigener Bedienung (Tastatur und Maus) ist nicht erforderlich. Wenn jedoch für das RBC eine eigenständige Bedienoberfläche realisiert wird, können für den Fahrdienstleiter die wesentlichen Informationen und Eingaben komfortabel dargestellt werden. So lassen sich z. B. die grafischen Eingaben und Anzeigen von unterschiedlichen, teils überlappenden Restriktionen übersichtlich darstellen. Allerdings ist bei diesem Ansatz ein gesonderter Monitor mit eigener Bedienung (Tastatur, Maus) notwendig (Demitz et al. 2016). Ein Beispiel für Bedienhandlungen sind neben der Einrichtung und Rücknahme von Befahrbarkeitssperren im ETCS Level 2 auch die Einrichtung und Rücknahme von Langsamfahrstellen aus der Leitstelle. Dies ist für die Ausrüstung der Strecke Amsterdam-Utrecht in den Niederlanden exemplarisch in Abb. 3.8 dargestellt. Im dargestellten Beispiel soll eine Langsamfahrstelle in der Station Amsterdam Bijlmer eingestellt werden. Hierfür wurde vom Bediener der Gleisabschnitt TR3218AT (hinter dem Signal 3218) ausgewählt. In dem Dialog kann nun manuell die gewünschte Geschwindigkeit eingegeben werden. Diese wird dann im Streckenatlas der Funkstreckenzentrale hinterlegt, bei der Ermittlung von Fahrbefehlen für das Fahrzeug mit im statischen Geschwindigkeitsprofil berücksichtigt, an das Fahrzeug übermittelt und dort überwacht. Eine aktive Langsamfahrstelle wird dem Bediener auf dem Bedienplatz durch ein speziell ausgeleuchtetes Symbolfeld angezeigt. Die Änderung oder Rücknahme der Langsamfahrstelle erfolgt über einen ähnlichen Bediendialog.

Schnittstelle zwischen der Funkstreckenzentrale und den Fahrzeugen über GSM-R: Die Funkstreckenzentrale empfängt die Anmeldung des Zuges, prüft dessen Einfahrberechtigung und ordnet den Zug bei erfolgreicher Anmeldung dem richtigen Gleis zu. Die Funkstreckenzentrale empfängt zyklisch von den angemeldeten Zügen die jeweilige Position, die aktuelle Betriebsart sowie die Geschwindigkeit und Fahrtrichtung. Diese Angaben der Fahrzeuge werden bei der Ermittlung der jeweiligen Fahrterlaubnisse

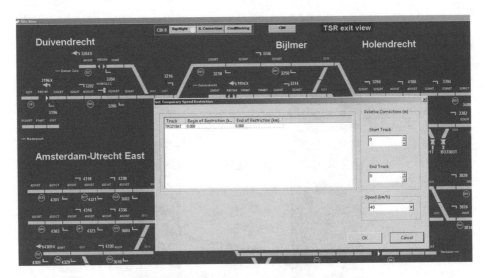

Abb. 3.8 Setzen einer Langsamfahrstelle. (Quelle: Bombardier Transportation Signal Germany GmbH)

berücksichtigt. Die Funkstreckenzentrale verknüpft bei der Bildung der Fahrterlaubnis für die Züge die jeweiligen Positionsmeldungen der Fahrzeuge mit den vom Stellwerk gemeldeten Fahrstraßenzuständen und den im Streckenatlas gespeicherten Streckendaten. Feste Streckendaten sind die Streckenhöchstgeschwindigkeit, die Streckenneigung und zusätzliche Eigenschaften des Fahrwegs (Track Conditions wie beispielsweise Trennstellen der Oberleitung). Fahrterlaubnisse werden rechtzeitig über GSM-R an den jeweiligen Zug gesendet.

Schnittstelle zwischen benachbarten Funkstreckenzentralen: Fahrzeuge werden entlang ihres Laufweges abschnittsweise von jeweils genau einer Funkstreckenzentrale geführt. Wenn die von Funkstreckenzentralen gesteuerten Netzbereiche aneinandergrenzen, muss die Verantwortung für die Übergabe streckenseitiger Führungsgrößen an das Fahrzeug von einer Funkstreckenzentrale an die benachbarte Funkstreckenzentrale übergeben werden. Dies wird auch als RBC-Handover bezeichnet. Der Ablauf einer solchen Übergabe ist wie folgt (vgl. Abb. 3.9):

- Die abgebende Funkstreckenzentrale sendet eine Vorankündigung (Pre-Announcement) über den sich annähernden Zug an die annehmende Funkstreckenzentrale. Diese Vorankündigung wird beispielsweise dann gesendet, wenn die Fahrterlaubnis an der Bereichsgrenze endet und das Fahrzeug eine Verlängerung der Fahrterlaubnis bei der abgebenden Funkstreckenzentrale angefordert hat. Die annehmende Funkstreckenzentrale quittiert die Vorankündigung (Acknowledgement). Die annehmende Funkstreckenzentrale kann den Zug jederzeit zurückweisen, wenn es die betriebliche Situation in seinem Zuständigkeitsbereich erfordert (Cancellation).

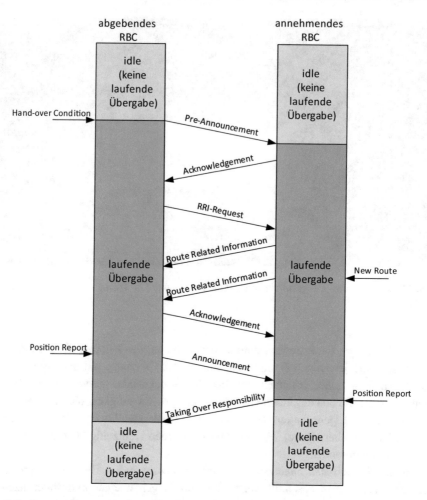

Abb. 3.9 Sequenzdiagramm eines Handovers zwischen benachbarten Funkstreckenzentralen. (Quelle: UNISIG Subset 39)

- Im weiteren Verlauf fordert die abgebende Funkstreckenzentrale von der annehmenden Funkstreckenzentrale fahrwegbezogene Informationen über den Streckenbereich hinter der Bereichsgrenze an (Route Related Information Request). Die annehmende Funkstreckenzentrale antwortet auf diese Anfrage mit einer Übermittlung der fahrwegbezogenen Informationen (Route Related Information). Diese Fahrweginformationen werden von der abgebenden Funkstreckenzentrale in einem grenzüberschreitenden Fahrbefehl verarbeitet und an das Fahrzeug übertragen. Sollten sich in der Zwischenzeit fahrwegbezogene Informationen ändern, überträgt die annehmende Funkstreckenzentrale diese Informationen unaufgefordert an die abgebende Funkstreckenzentrale (UNISIG Subset 39).

- Im nächsten Schritt wird dem Fahrzeug der Übergang angekündigt (Announcement). Das Fahrzeug wird mittels der empfangenen Kommunikationsparameter unverzüglich eine Kommunikation mit der annehmenden Funkstreckenzentrale aufbauen. Die Sicherheitsverantwortung verbleibt zunächst bei der abgebenden Funkstreckenzentrale. Von der annehmenden Funkstreckenzentrale empfangene Daten werden vom Fahrzeug zwischengespeichert, aber zunächst noch nicht von den fahrzeugseitigen Überwachungsfunktionen verwendet (UNISIG Subset 39).

- Im nächsten Schritt übernimmt die annehmende Funkstreckenzentrale die Sicherheitsverantwortung für den Zug. Dies wird vom ETCS-Fahrzeuggerät angestoßen. Sobald die Fahrzeugspitze die Grenze überfahren hat, sendet es regelmäßige Positionsmeldungen an die annehmende Funkstreckenzentrale. Von diesem Moment an werden von der abgebenden Funkstreckenzentrale empfangene Fahrbefehle und Streckeninformationen (Geschwindigkeits- und Gradientenprofile) vom Fahrzeug verworfen. Vor der Grenze zwischengespeicherte Informationen der annehmenden Funkstreckenzentrale werden jetzt vom Fahrzeuggerät in den Überwachungsfunktionen verwendet. Die annehmende Funkstreckenzentrale informiert die abgebende Funkstreckenzentrale, dass es die Sicherheitsverantwortung übernommen hat (Taking over Responsiblity). Das Fahrzeug behält die Kommunikation mit der abgebenden Funkstreckenzentrale nur so lange aufrecht, bis es mit der ganzen Zuglänge die Grenze überfahren hat (UNISIG Subset 39).

3.3   Komponenten der ETCS-Fahrzeugeinrichtung

Das ETCS besteht aus verschiedenen fahrzeugseitigen Komponenten. Der ETCS-Fahrzeugrechner (European Vital Computer, EVC) ist das Herzstück der fahrzeugseitigen Ausrüstung. Während von der Streckenseite lediglich eine Beschreibung der Infrastruktur auf das Fahrzeug übermittelt wird, obliegt dem EVC die Durchführung der sich daraus ergebenden Funktionen, beispielsweise die Einhaltung von Bremskurven oder die Ansteuerung des Hauptschalters bei Schutzstrecken der Oberleitung über die Fahrzeugleittechnik. Zu den weiteren sicherheitsrelevanten Aufgaben zählen die Weg- und Geschwindigkeitsüberwachung, die Verarbeitung von Fahrterlaubnissen sowie Level- und Mode-Wechsel. Zu den Informationen, die dazu streckenseitig bereitgestellt werden, zählen beispielsweise zulässige Geschwindigkeiten, Gradientenprofile und Zielentfernungen für das Ende der Fahrterlaubnis. Aufbau und Design des EVC sowie vieler Schnittstellen zu den fahrzeugseitigen Umsystemen sind herstellerspezifisch und nicht eindeutig spezifiziert. Der Fahrzeugrechner muss höchsten Sicherheitsanforderungen genügen. Dies wird durch eine mehrkanalige Verarbeitung gewährleistet. So werden EVCs, je nach Lieferant, entweder als 2-von-2- oder als 2-von-3-Rechner-Systeme ausgeführt. Um eine Funktion sicher auszuführen, müssen also immer mindestens zwei Kanäle des Fahrzeuggeräts auf das gleiche Berechnungsergebnis kommen. Andernfalls erfolgt eine sicherheitsgerichtete Zwangsreaktion des Fahrzeuggeräts. Der EVC enthält

in der Regel Baugruppen für Ein- und Ausgaben, Konfigurationsparameter, Spannungs-
versorgung, Odometrie, Komponenten des Balisenübertragungskanals (Balise Transmission Module, BTM) und den digitalen Mobilfunk GSM-R. Ein Beispiel eines EVC
ist in Abb. 3.10 dargestellt. Die Schnittstellen und Umsysteme des EVC werden nachfolgend beschreiben.

3.3.1 Odometrie

Der Begriff Odometrie bezeichnet die sicherheitsrelevante Weg- und Geschwindigkeitsmessung. Hierfür werden physikalische Größen erfasst, aus denen der zurückgelegte
Weg, die Geschwindigkeit und die Beschleunigung ableitbar sind. Hierbei kommt eine
Kombination von Drehzahlsensoren, Doppler Radarsensoren und/oder Beschleunigungssensoren zum Einsatz. Grundsätzlich wird ein zweites Messprinzip ergänzt (Diversität),
um das erste zu Plausibilisieren und zu prüfen. Die einzelnen Odometrieplattformen der
verschiedenen Systemlösungen der verschiedenen Hersteller weichen hinsichtlich der
verwendeten Sensorprinzipien voneinander ab.

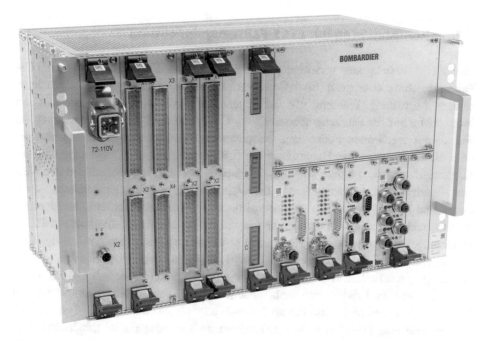

Abb. 3.10 European Vital Computer. (Quelle: Bombardier Transportation Signal Germany
GmbH)

- *Drehzahlsensoren (Wegimpulsgeber):* Alle ETCS-Systeme verwenden an nicht angetriebenen und/oder nicht gebremsten Achsen des Fahrzeugs montierte Drehzahlsensoren. Die Befestigung der Drehzahlsensoren erfolgt oftmals an den Achslagern (vgl. Abb. 3.11 und 3.12 jeweils auf der rechten Seite). Drehzahlsensoren verfügen über zwei Sensorelemente, die zwei phasenverschobene Sensorsignale erzeugen. Aus der Phasenverschiebung der beiden Sensorsignale lässt sich die Fahrtrichtung (FR) des Zuges bestimmen. Jeder Sensor erzeugt eine Anzahl von Wegimpulsen pro Messzyklus (WI). Gleichzeitig ist die Anzahl der Wegimpulse pro Radumdrehung bekannt (W). Ist der im Fahrzeugrechner eingegebene Raddurchmesser bekannt (dr), kann hieraus die in einem Zeitinkrement der zurückgelegte Teilweg mit dem folgenden Zusammenhang ermittelt werden:

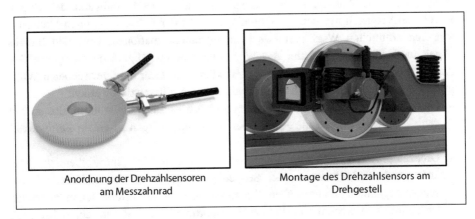

Anordnung der Drehzahlsensoren
am Messzahnrad

Montage des Drehzahlsensors am
Drehgestell

Abb. 3.11 Verwendung von Drehzahlsensoren mit ferromagnetischem Messzahnrad für die Weg- und Geschwindigkeitsmessung. (Quelle: Lenord, Bauer & Co. GmbH)

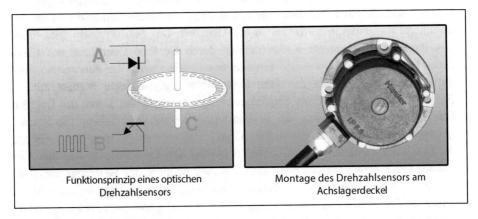

Funktionsprinzip eines optischen
Drehzahlsensors

Montage des Drehzahlsensors am
Achslagerdeckel

Abb. 3.12 Verwendung von Drehzahlsensoren mit fotoelektrischem Wirkprinzip für die Weg- und Geschwindigkeitsmessung. (Quelle: HASLERRAIL AG)

$$S_{Teilweg} = FR \times \pi \times d_r \times \frac{WI}{W} \tag{3.1}$$

Für eine genaue Weg- und Geschwindigkeitsmessung stellt der Schlupf, das heißt das bei Schienenfahrzeugen prinzipbedingte Gleiten und Schleudern von Stahlrädern auf Schienen aus Stahl eine Herausforderung dar. Eine ausschließlich auf Messungen an den Radsätzen basierende Weg- und Geschwindigkeitsmessung wird folglich bei höheren Geschwindigkeiten wegen des Schlupfes zunehmend ungenau. Allerdings kann diese Problemstellung durch zusätzliche technische Maßnahmen beherrscht werden. Hierfür kann beispielsweise ein zusätzlicher Drehzahlsensor zur Messung der Motordrehzahl installiert werden. Dies ermöglicht durch die Berücksichtigung der bekannten Übersetzung des Getriebes die Berechnung des theoretisch zurückgelegten Weges, bzw. die Ableitung der korrespondierenden Geschwindigkeit des Zuges. Durch den Vergleich mit den auf Grundlage der an der Achse montierten Drehzahl- sensoren ermittelten Weg- und Geschwindigkeitsinformationen, bzw. den hieraus abgeleiteten Differenzen, kann die Weg- und Geschwindigkeitsmessung um den Anteil des Schlupfes korrigiert werden. Es können je nach dem verwendeten Wirk- prinzip unterschiedliche Arten von Drehzahlsensoren differenziert werden:

- Drehzahlsensoren tasten ein ferromagnetisches Messzahnrad berührungslos ab und zählen auf diese Weise die Anzahl der Achsumdrehungen in einem Zeitintervall (vgl. Abb. 3.11 auf der linken Seite).
- Drehzahlsensoren arbeiten als optisches System im Infrarotbereich. Der kontinuierliche Lichtstrom einer Sendediode wird durch eine rotierende Loch- scheibe regelmäßig unterbrochen. Der Empfangstransistor erfasst den pulsierenden Lichtstrom und erzeugt eine Frequenz proportional zur Drehzahl der Achse (vgl. Abb. 3.12 auf der linken Seite).

- *Doppler Radarsensoren:* Um unabhängig von der Radumdrehung die Geschwindig- keit eines Schienenfahrzeuges zu messen, werden zusätzliche Sensorprinzipien zur Distanz- und Geschwindigkeitsmessung der Züge verwendet. Unter dem Fahrzeug installierte Radarsensoren strahlen in das Gleisbett. Das Sensorprinzip geht davon aus, dass die ausgesendete Radarstrahlung durch die raue Oberfläche des Gleis- bettes teilweise wieder zu einem Empfänger reflektiert wird. Zur Auswertung wird die empfangene Frequenz des vom Radarsensor ausgesendeten Signals mit der Frequenz des vom Radarsensor empfangenen Signals verglichen. Durch den Doppler- Effekt kann aus dem Betrag der beobachteten Frequenzverschiebung die Relativ- geschwindigkeit des Wagenkastens über Grund ermittelt werden. Je größer der Betrag der Frequenzverschiebung, desto schneller bewegt sich das Fahrzeug. Aus dem Vor- zeichen der Frequenzverschiebung kann die Fahrtrichtung des Fahrzeugs abgeleitet werden. Bei einer Erhöhung der Frequenz im Vergleich zum ursprünglichen Signal schaut der Radarsensor in Fahrtrichtung. Bei einer Verringerung der Frequenz im Ver- gleich zum ursprünglichen Signal schaut der Radarsensor entgegen der Fahrtrichtung. Aus der bekannten Orientierung des Sensors bei seinem Einbau kann hieraus auf die

Fahrtrichtung des Fahrzeugs geschlossen werden. Abb. 3.13 zeigt ein Beispiel für in der Praxis eingesetzte Doppler Radarsensoren.

- *Optische Geschwindigkeitssensoren:* Mit optischen und berührungslosen Geschwindigkeitssensoren gelingt eine direkte Messung von Geschwindigkeit und Fahrtrichtung eines Schienenfahrzeugs über Grund. Bei dem in Abb. 3.14 gezeigten Geschwindigkeitssensor dient der Schienenkopf als Referenz. Eine Optik bildet die Mikrostruktur des Schienenkopfes auf einen Fotoempfänger mit definierter Gitterstruktur ab. Durch die Bewegung des Schienenfahrzeuges entsteht am Ausgang des Fotoempfängers eine Frequenz, die direkt proportional zu der Geschwindigkeit über Grund ist. Dieses Messverfahren kann als kontinuierlicher optischer Korrelator verstanden werden. Das Sensorprinzip weist drei zentrale Vorteile auf. Erstens ist dieses Messprinzip vom Rad-Schiene-Kontakt unabhängig und weist daher keine Messungenauigkeiten durch Schleudern und Gleiten (Schlupf) auf. Zweitens müssen hier im Zuge der Instandhaltung keine veränderlichen Parameter wie Raddurchmesser in der Software des ETCS-Fahrzeuggeräts angepasst werden, da dieser Sensor direkt die Relativgeschwindigkeit des Fahrzeugs über Grund misst. Drittens ist dieses Messverfahren aufgrund der Messreferenz „Schiene" nicht anfällig für etwaige Messabweichungen, wie sie aufgrund von der Beschaffenheit des Oberbaus bei Doppler Radarsensoren in der Odometrie zu berücksichtigen sind.
- *Beschleunigungssensoren:* Mit eindimensionalen Beschleunigungssensoren lässt sich die Änderung der Geschwindigkeit des Fahrzeugs in der Ausrichtung des Beschleunigungssensors bestimmen. Diese Sensoren sind vom Rad-Schiene-Kontakt unabhängig und können die prinzipbedingten Nachteile von Wegimpulsgebern daher ausgleichen.
- *Global Navigation Satellite System (GNSS):* GNSS ermöglicht eine Positionsbestimmung anhand von Navigationssatelliten. Position, Geschwindigkeit und Zeit (PVT, position, velocity and time) des Empfängers können bestimmt werden, wenn ausreichend viele Satellitensignale zur Verfügung stehen. Zur Ermittlung der

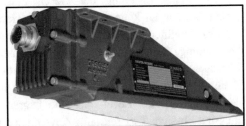

| zweikanaliger Doppler Radarsensor | Radarsensor mit integrierter Schutzhaube für höhere Verfügbarkeit bei winterlichen Bedingungen |

Abb. 3.13 Verwendung von Doppler Radarsensoren für die Weg- und Geschwindigkeitsmessung. (Quelle: Deuta-Werke GmbH)

Abb. 3.14 Verwendung optischer Geschwindigkeitssensoren für die Weg- und Geschwindigkeits-messungen. (Quelle: CORRail®1000, HASLERRAIL AG)

dreidimensionalen PVT-Information sind mindestens vier Satellitensignale not-wendig (Gu 2005). Durch GNSS wird eine absolute Ortung möglich. Jedoch ist die Lokalisierung aktuell nicht ausreichend präzise, um bei einem zweigleisigen Betrieb eine sichere Zuordnung von einem Zug zum korrekten Gleis zu treffen. Allerdings ist die Messung der Geschwindigkeit nach Aussage der Hersteller genau genug, um zur Plausibilisierung der Geschwindigkeitsinformationen anderer Sensoren genutzt werden zu können. Eine weitere Herausforderung liegt in der Zuverlässig-keit des Satelliten-Signalempfangs im Bodenverkehr begründet. Durch Effekte wie Abschattung, Reflexion oder Mehrwegeausbreitung kann es im Bahnbetrieb zu Störungen und Unterbrechungen der Weg- und Geschwindigkeitsmessung kommen (Schnieder und Barbu 2009). Des Weiteren haben bestehende GNSS-Systeme kein garantiertes Service Level und eine begrenzte Leistungsfähigkeit bezüglich ihrer Integrität für sicherheitsrelevante Anwendungen (Gu 2005). Es werden daher Ansätze eines integrierten Ortungssystems mit GNSS und zusätzlichen Stützsensoren verfolgt. Dies hat zum einen den Vorteil, dass die Ortungsverfügbarkeit und -kontinuität durch eine integrierte Ortung zusammen mit Stützsensoren verbessert werden kann, wenn die GNSS-Positionsbestimmung nicht ausreichend genau ist, oder sogar für einen kurzen Zeitraum nicht zur Verfügung steht (beispielsweise in Tunnelstrecken). Dies hat zum anderen den Vorteil, dass die Ortungsintegrität durch eine Querprüfung der Sensoren verbessert werden kann (Gu 2005).

3.3.2 Kommunikationsschnittstellen zur Streckeneinrichtung

Das ETCS sieht sowohl die Möglichkeit einer Datenübertragung an diskreten Orten über Eurobalisen vor, als auch eine kontinuierliche bidirektionale Übertragung von Positionsmeldungen und Führungsgrößen über den digitalen Mobilfunk GSM-R. Das Fahrzeuggerät muss dementsprechend auch mit diesen Kommunikationsschnittstellen ausgerüstet sein.

- *Eurobalisen-Antenne:* Diese Antenne befindet sich unter dem Fahrzeugboden. Sie strahlt kontinuierlich ein hochfrequentes Aktivierungssignal ins Gleisbett und aktiviert beim Überfahren die passiv im Gleis liegenden Eurobalisen. Die Fahrzeugantenne empfängt das von der Eurobalise ausgesendete Datentelegramm. Sie empfängt ebenfalls vom Euroloop ausgesendete Datentelegramme.
- *GSM-R-Datenfunk:* Der GSM-R-Datenfunk dient der Datenkommunikation von ETCS zwischen der ETCS-Fahrzeugausrüstung und der streckenseitigen Funkstreckenzentrale (RBC). Im Regelbetrieb sind hierfür zwei technische Sende- und Empfangseinheiten an das ETCS-Fahrzeuggerät angeschlossen.

3.3.3 Schnittstellen zu nationalen Zugbeeinflussungssystemen

Specific Transmission Module (STM): Die Idee der STM-Schnittstelle ist die Übersetzung der Führungsgrößen des bestehenden nationalen Zugsteuerungs- und Zugsicherungssystems in die ETCS-Sprache. Auf diese Weise können die Führungsgrößen des nationalen Zugsteuerungs- und Zugsicherungssystems vom ETCS-Fahrzeuggerät überwacht werden. Das STM umfasst für die Datenübertragung zwischen Fahrzeug und Strecke erforderlichen Sende- und Empfangseinrichtungen. Die STM-Schnittstelle zum ETCS-Fahrzeuggerät ist wie folgt ausgeprägt (UNISIG Subset 35).

Über die STM-Schnittstelle übergibt das ETCS-Fahrzeuggerät die folgenden Informationen:

- *Zeitsynchronisation zwischen ETCS-Fahrzeuggerät und STM:* Das ETCS-Fahrzeuggerät ist dafür verantwortlich, allen über die STM-Schnittstellen angebundenen nationalen Zugsteuerungs- und Zugsicherungssystemen die gemeinsame Uhrzeitreferenz bereitzustellen.
- *Driver Machine Interface:* Über die Nutzerschnittstelle des ETCS-Fahrzeuggeräts werden Bedienhandlungen des Fahrers erfasst und über die STM-Schnittstelle an das

nationale Zugsteuerungs- und Zugsicherungssystem übergeben. Ein Beispiel hierfür ist das Aktivieren (und Rücknehmen) eines Tasters beispielsweise für die Quittierung.

- *Steuerung des nationalen Zugsteuerungs- und Zugsicherungssystems über die STM-Schnittstelle:* Über die STM-Schnittstelle empfängt das nationale Zugsteuerungs- und Zugsicherungssystem Befehle von der ETCS-Fahrzeugeinrichtung, auf deren Grundlage es den gewünschten Betriebszustand einnimmt. Darüber hinaus empfängt es über die STM-Schnittstelle vom ETCS Fahrzeuggerät eine Auswahl von Zugdaten. Beispiele hierfür sind die Zugkategorie, die Zuglänge, Traktions- und Bremsparameter, sowie die maximale Geschwindigkeit des Zuges. Des Weiteren werden über die STM-Schnittstelle vom ETCS-Fahrzeuggerät die Parameter der vom Fahrer eingegebenen (und bestätigten) spezifischen Parameter für eine STM-Überwachung übertragen. Das nationale Zugsteuerungs- und Zugsicherungssystem empfängt über die STM-Schnittstelle vom ETCS-Fahrzeuggerät die von diesem über den Luftspalt (Eurobalisen oder GSM-R Mobilfunk) empfangenen für das STM relevanten Daten.
- *Weg- und Geschwindigkeitsmessung:* Das ETCS-Fahrzeuggerät stellt in regelmäßigen Intervallen Informationen seiner Weg- und Geschwindigkeitsmessung bereit. Diese Information umfasst aktuelle Werte der geschätzten zurückgelegten Strecke, die geschätzte aktuelle Geschwindigkeit sowie die Fahrtrichtung des Fahrzeugs. Die geschätzten Werte für die Weg- und Geschwindigkeitsmessung werden mit ihrem Konfidenzintervall (beispielsweise Minimal- und Maximalwerte) übertragen.
- *Statusinformationen der Schnittstelle zur Zugsteuerung:* Das nationale Zugsteuerungs- und Zugsicherungssystem empfängt über die STM-Schnittstelle Meldungen über den Fahrzeugzustand vom ETCS-Fahrzeuggerät. Dies sind unter anderem Angaben zur Traktion des Fahrzeugs, Informationen über den aktiven Führerstand des Fahrzeugs sowie Angaben zur Stellung des Fahrtrichtungsschalters im aktiven Führerstand. Außerdem empfängt das nationale Zugsteuerungs- und Zugsicherungssystem über die STM-Schnittstelle Informationen zur Funktionsfähigkeit des Zugriffs auf die Betriebs- und Zwangsbremse.

Über die STM-Schnittstelle empfängt das ETCS-Fahrzeuggerät die folgenden Informationen:

- *Driver Machine Interface:* Über die STM-Schnittstelle werden Informationen über Zielentfernungen und Zielgeschwindigkeiten (mit verschiedenen Interventionsstufen) an das ETCS-Fahrzeuggerät übergeben, damit dieses die Führungsgrößen dem Triebfahrzeugführer anzeigt.
- *Steuerung des nationalen Zugsteuerungs- und Zugsicherungssystems über die STM-Schnittstelle:* Das nationale Zugsteuerungs- und Zugsicherungssystem meldet über die STM-Schnittstelle seinen aktuellen Betriebszustand an das ETCS-Fahrzeuggerät, damit dieses den Betriebszustand des betreffenden STM in der übergeordneten Steuerung berücksichtigen kann.

- *Fahrdatenaufzeichnung:* Hier werden Ereignisdaten an den Fahrdatenrekorder übergeben. Diese Fahrdaten dienen der Rekonstruktion möglicher Unfälle, die unter der
Verantwortung des nationalen Zugsteuerungs- und Zugsicherungssystems geschehen
sind. Daher werden die Ereignisdaten mit den synchronisierten Zeitstempeln der
Schnittstellenpartner übermittelt.
- *Schnittstelle zur Fahrzeugsteuerung:* Über die STM-Schnittstelle übergibt das
nationale Zugsteuerungs- und Zugsicherungssystem beispielsweise Aufforderungen
zur Freigabe/Unterdrückung verschiedener Bremssysteme (regenerative Bremse,
Magnetschienenbremse, Wirbelstrombremse), das Senken des Stromabnehmers, das
Betätigen des Hauptschalters, die Anforderung der Traktionsabschaltung sowie das
Schließen von Lüftungsklappen an die Fahrzeugsteuerung.

3.3.4   Schnittstelle zur Fahrzeugsteuerung

Schnittstelle zur Fahrzeugsteuerung (Train Interface Unit, TIU): Die ETCS-
Fahrzeugeinrichtung nimmt Informationen vom Fahrzeug entgegen und übergibt ihrer-
seits Informationen zum Fahrzeug (UNISIG Subset 34).

- Das ETCS-Fahrzeuggerät empfängt vom Fahrzeug die für die Steuerung der Betriebsarten relevante Zustandsgrößen (Lokomotive im Fernsteuerbetrieb, Position des
Fahrtrichtungsschalters, usw.), den aktuellen Bremsdruck sowie Statusinformationen
weiterer Bremssysteme (beispielsweise die regenerative Bremse, die Magnetschienenbremse, die Wirbelstrombremse oder die elektropneumatische Bremse), Angaben zum
aktiven Führerstand, die Position des Fahrtrichtungsschalters, Informationen zur Zugvollständigkeit sowie die mögliche Übernahme vorhandener Zugdaten aus der Fahrzeugsteuerung.
- Das ETCS-Fahrzeuggerät übergibt an das Fahrzeug Kommandos wie den Befehl zur
Traktionsabschaltung und zur Auslösung der Betriebsbremse oder der Zwangsbremse
(Heckmanns et al. 2004). Des Weiteren können Einschränkungen in der Verwendung
ausgewählter Bremssysteme in bestimmten Streckenbereichen an das Fahrzeug
übergeben werden (regenerative Bremse, Magnetschienenbremse, Wirbelstrombremse für die Betriebsbremsung, Wirbelstrombremse für die Zwangsbremsung).
Weitere für die Fahrzeugsteuerung relevante Kommandos umfassen die Meldung
über die Umschaltung auf ein anderes Traktionsstromsystem, die Ankündigung
nicht gespeister Oberleitungsabschnitte in denen der Stromabnehmer abgesenkt und
angehoben werden muss, die Ankündigung nicht gespeister Oberleitungsabschnitte
mit ausgeschaltetem Hauptschalter, das Schließen von Lüftungsklappen zum Druck-
ausgleich in Tunnelabschnitten sowie die Ankündigung von Bahnsteigen (mit Angabe
der Seite der Türöffnung und der Höhe des Bahnsteigs).

3.3.5 Bedien- und Anzeigeschnittstelle

Auf dem Führerstand eines Triebfahrzeugs gibt es verschiedene Bedien- und Anzeige-
elemente:

- *Driver Machine Interface (DMI):* Das Driver Machine Interface ist das zentrale
  Bedien- und Anzeigegerät auf dem Führerstand. Dieses Gerät ist das wichtigste
  Arbeitsinstrument des Triebfahrzeugführers. Dieses Bedien- und Anzeigegerät kann
  als Touchscreen (bedienbar durch Berühren des Bildschirms, vgl. Abb. 3.15) oder als
  Variante mit Hardkeys (Tasten am Rahmen des Bildschirms) ausgeführt sein. Alle
  Bedienhandlungen im Zusammenhang mit ETCS und dem Zugfunk werden über
  Bildschirme auf dem Führerstand abgewickelt (beispielsweise die Eingabe von Zug-
  daten oder die manuelle Auswahl eines Betriebsartenwechsels). Hier erhält der Trieb-
  fahrzeugführer auch alle für die Zugführung relevanten Informationen (zum Beispiel
  die aktuell zulässige Geschwindigkeit und die aktuelle Betriebsart).
- *ETCS-Quittiertaste:* Im Betrieb sind Textmeldungen, Levelwechsel oder Wechsel der
  ETCS-Betriebsart durch den Triebfahrzeugführer zu quittieren. In einigen Fahrzeug-
  typen wird hierbei im Führerstand eine zusätzliche ETCS-Quittiertaste vorgesehen
  (DB Netz AG 2020).
- *ETCS-Störschalter:* Bei Störungen des ETCS-Fahrzeuggeräts kann der Triebfahrzeug-
  führer den Störschalter betätigen, wenn es angeordnet ist. In diesem Fall wird das
  ETCS-Fahrzeuggerät mit dem ETCS-Störschalter ausgeschaltet und wechselt in die
  ETCS-Betriebsart IS (Isolation). Damit sind sämtliche Ein- und Ausgaben der ETCS-
  Fahrzeugeinrichtung unterbunden (DB Netz AG 2020). Nach dem Ausschalten des
  ETCS-Fahrzeuggeräts kann der Triebfahrzeugführer das Fahrzeug gemäß der betrieb-
  lichen Regeln für die Rückfallebene bewegen.

Das Driver-Machine-Interface ist – wie Abb. 3.15 darstellt in verschiedene Bereiche ein-
geteilt:

- *Zielentfernung* (vertikaler Abschnitt links neben der Tachometerdarstellung). In
  diesem Bereich wird die digitale Anzeige des Restwegs bis zum Bremszielpunkt dargestellt (im dargestellten Beispiel auf der rechten Seite 530 m). Außerdem erfolgt
  eine grafische Anzeige der letzten 1000 m bis zum Bremszielpunkt (logarithmische
  Teilung, Darstellung der letzten 100 m linear). Die verbleibende Zeit bis zum System-
  eingriff wird mit einem in seiner Größe und in der Farbgebung je nach Interventions-
  stufe veränderlichen Quadrat angezeigt.
- *Geschwindigkeits- und Überwachungsbereich:* In diesem Bereich ist ein ana-
  loger Geschwindigkeitsmesser dargestellt sowie im Zeigermittelpunkt eine digitale
  Geschwindigkeitsanzeige (DB Netz AG 2020). Der Geschwindigkeitsbogen ermöglicht eine Farbveränderung in Abhängigkeit der Bremskurven und der aktuellen

Abb. 3.15 Beispiel einer ETCS Führerstandsanzeige. (Quelle: links: Alstom S.A., rechts: Siemens Mobility GmbH)

Geschwindigkeit. Die Geschwindigkeitsinformationen werden immer angezeigt, wenn sich das Fahrzeug bewegt. Im Stillstand kann dieses Feld für andere Funktionen wie die Dateneingabe verwendet werden.

- *Vorschaubereich:* Dieser Bereich auf der rechten Seite der Anzeige stellt das Streckenprofil (Steigung und Gefälle in Promille) dar. Außerdem erfolgt eine Anzeige des restriktivsten statischen Geschwindigkeitsprofils (nicht proportionale Anzeige). Der Bremseinsatzpunkt kann hier – neben anderen Streckenmerkmalen – ebenfalls dargestellt werden (DB Netz AG 2020).
- *Bereich für Textmeldungen:* Im unteren Teil der Anzeige können Textmeldungen vom Fahrdienstleiter, von der Funkstreckenzentrale oder vom ETCS-Fahrzeuggerät angezeigt werden. Auch werden hier etwaige Quittierungsaufforderungen für den Triebfahrzeugführer dargestellt. Weitere relevante Informationen umfassen den Status der GSM-R-Funkverbindung.

3.3.6 Fahrdatenrekorder

Fahrdaten-Aufzeichnungsgerät (Juridical Recorder Unit, JRU): Hier werden alle Fahrdaten inklusive der Bedienhandlungen des Triebfahrzeugführers aufgezeichnet (vgl. Abb. 3.16). Nach einem Unfall können hierüber für die Rekonstruktion des Unfallhergangs wertvolle Daten ausgelesen werden. Um eine solche Auswertung zu ermöglichen, müssen alle aufzuzeichnenden Ereignisse mit einem Zeitstempel versehen werden (Datum und Uhrzeit). Ebenfalls werden die Position und die Geschwindigkeit des Zuges zum Zeitpunkt des aufzuzeichnenden Ereignisses gespeichert. Darüber hinaus werden die Systemversion, die Ausrüstungsstufe sowie die Betriebsart zum Zeitpunkt des Ereignisses gespeichert (UNISIG Subset 27). Es werden beispielsweise die folgenden Statusinformationen aufgezeichnet:

- *Schnittstelle zur Fahrzeugsteuerung:* Ausgabe von Befehlen an die Betriebs- und Zwangsbremse des Fahrzeugs, Ausgabe einer Traktionsabschaltung, Statusinformationen der verschiedenen Bremssysteme des Fahrzeugs (generatorische Bremse, Magnetschienenbremse, Wirbelstrombremse, elektropneumatische Bremse), Informationen über den aufgeriegelten Führerstand, Position des Fahrtrichtungsschalters.
- *Über die Kommunikationsschnittstellen gesendete und empfangene Daten:* Hierbei handelt es sich um von Euroloops und Eurobalisen empfangene Informationen, von der Funkstreckenzentrale empfangene sowie an die Funkstreckenzentrale gesendete Informationen.
- *vom nationalen Zugbeeinflussungssystem empfangene Daten:* Auswertung der über die STM-Schnittstelle übertragenen Daten.
- *Fehlermeldungen:* Fehlermeldungen umfassen unter anderem offenbarte fehlerhafte Verlinkungen von Balisengruppen sowie Meldungen über einen fehlgeschlagenen Verbindungsaufbau zur Funkstreckenzentrale.
- *Meldungen von Bedien- und Anzeigeeinrichtungen im Führerstand:* Diese Kategorie umfasst Bedienhandlungen des Triebfahrzeugführers, vom Triebfahrzeugführer eingegebene Zugdaten, Anzeige von Textnachrichten auf der Führerstandsanzeige, Symbolausleuchtung auf der Führerstandsanzeige, Ausgabe von akustischen Alarmen sowie die Auswahl von Betriebsarten durch den Triebfahrzeugführer.

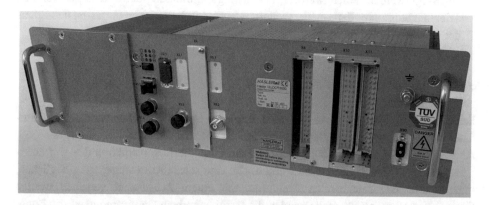

Abb. 3.16 Datenspeichereinheit TELOC®3000. (Quelle: HASLERRAIL AG)

3.3.7 Fahrzeuggestützte Zugvollständigkeitskontrolle

Für ETCS Ausrüstungstufe 3 ist eine Zugvollständigkeit sicher an Bord der Fahrzeuge festzustellen und an die Streckenseite zu übermitteln, da streckenseitig möglicherweise keine Gleisfreimeldesysteme mehr vorhanden sind. Diese Systeme werden auch als Train Integrity Monitoring Systems (TIMS) bezeichnet (Seiffert 2019). Die konkrete Ausprägung der technischen Lösung hängt stark von den Voraussetzungen es jeweiligen Fahrzeugtyps ab.

- Moderne Personenzüge sind mit einem Bussystem ausgestattet, welches unter anderem für die Steuerung der Bremsen und der Traktionsleistung entlang des Zugverbandes genutzt wird. Hierfür steht ein standardisiertes Kabel im Zug zur Verfügung, welches für die Übertragung der Zugvollständigkeitsinformation mit überschaubarem Anpassungsaufwand genutzt werden kann.
- Insbesondere gekuppelte Güterzüge verfügen über kein durchgehendes Bussystem. Sie sind nur über die Schraubenkupplung sowie die Hauptluftleitung des pneumatischen Bremssystems miteinander verbunden (Gfatter et al. 2003). Sie verfügen also weder über eine durchgehende Datenleitung, noch über eine Stromversorgung am Ende des Zuges (Mitchell 2009). Eine unbeabsichtigte Zugtrennung führt zu einem Druckabfall auf der Hauptluftleitung, sodass die Bremsen der einzelnen Wagen ansprechen (Gfatter et al. 2005). Dieses Bremssystem ist charakterisiert durch hohe Latenzzeiten des Druckverlustes, sodass diese Züge die hohen Anforderungen an eine sichere und zeitgerechte Information über den Verlust der Zugvollständigkeit – insbesondere bei Strecken mit kurzen Zugfolgezeiten – nicht erfüllen.

3.4 Datenkommunikation zwischen Fahrzeug- und Streckeneinrichtungen

Die einwandfreie Funktion des ETCS in Ausrüstungsstufe 2 setzt eine funktionierende Datenkommunikation zwischen Fahrzeug- und Streckeneinrichtungen zwingend voraus. Dieser Abschnitt erläutert die hierfür erforderlichen technischen Komponenten.

3.4.1 Global System for Mobile Communication Railway (GSM-R)

Das Global System for Mobile Communication Railway (GSM-R) ist für die Interoperabilität der europäischen Eisenbahnen essenziell. Im Prinzip handelt es sich um eine Erweiterung des weltweit verbreiteten Mobilfunkstandards GSM. GSM-R bietet im Vergleich mit der analogen Funktechnik einige wesentliche Vorteile. Wesentlich für das ETCS ist hierbei die Möglichkeit eines Datenfunks, bei dem in ETCS Level 2 und ETCS Level 3 ein Informationsaustausch durch eine permanente bidirektionale drahtlose Datenverbindung zwischen Fahrzeuggerät und Funkstreckenzentrale besteht. Positionsmeldungen der Fahrzeuge an die Funkstreckenzentrale und die von der Funkstreckenzentrale an die Fahrzeuge gesendete Fahrterlaubnis (sowie fallweise auch ein Nothaltauftrag) können damit ortsunabhängig jederzeit an das Fahrzeug gesendet und auf diesem kontinuierlich überwacht werden. Mit der Einführung von GSM-R wurden mehrere auf die spezifischen Bedürfnisse der Bahnen zugeschnittene Zusatzfunktionen definiert: funktionale Adressierung, ortsabhängiger Verbindungsaufbau, und Advanced Spech Call Items (ASCI). Hierbei umfassen die Advanced Speech Call Items Dienste wie den Sammelruf (Voice Broadcast Service, VBS), den Gruppenruf (Voice Group Call Service, VGCS) sowie den Dienst enhanced Multi-Level Precedence and Preemption service (eMLPP). Der Dienst eMLPP enthält die Möglichkeit der Zuweisung einer Verbindungspriorität zu jeder Sprach- und Datenverbindung und einen schnellen Verbindungsaufbau (englisch: Precedence, deutsch: Rangordnung). Des Weiteren beinhaltet eMLPP die Möglichkeit zur Verdrängung einer niedrig priorisierten Verbindung durch höher priorisierte Verbindungen (englisch: Preemption, deutsch: Bevorrechtigung).

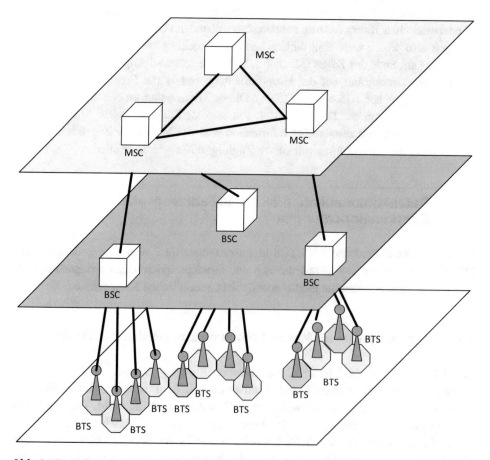

Abb. 3.17 Aufbau des Subsystems GSM-R

Das GSM-R-Mobilfunksystem besteht aus den folgenden Komponenten (vgl. Abb. 3.17):

- *Base Transceiver Station (BTS):* Dies bezeichnet die GSM-Basisstation. Eine BTS versorgt mindestens eine Funkzelle. Die Basisstation dient der Übertragung über die Funkschnittstelle zur Fahrzeugantennne.
- *Base Station Controller (BSC):* Der Base Station Controller überwacht die Funkverbindungen im Netz und veranlasst gegebenenfalls Wechsel der Funkzelle (Handover). Wenn bei einem Handover die alte und neue Basisstation am selben Base Station Controller angebunden sind, führt der Controller den Handover selbstständig durch, ansonsten wird das übergeordnete Mobile-services switching centre (MSC) involviert.
- *Mobile-services switching centre (MSC):* Dies ist die Vermittlungsstelle im Mobilfunknetz. Jedem MSC ist ein bestimmter Anteil des Mobilfunknetzes mit den Base Station Controller (BSC) und nachgeordneten Base Transceiver Stations (BTS) fest zugeordnet, die den Funkverkehr abwickeln und steuern. Das MSC besitzt Schnittstellen zu anderen MSC des Mobilfunknetzes sowie zu anderen Telefonnetzen (Burkhardt und Eisenmann 2005).

Jede Unterbrechung der Funkverbindung zwischen einer Funkstreckenzentrale und einem Fahrzeuggerät, die über eine definierte Zeitspanne hinausgeht (spezifiziert in der Variable T_NVCONTACT) führt zu einer ungewollten Zwangsbremsung und damit zu Verspätungen. Solange der Timer T_NVCONTACT nicht abgelaufen ist, kann eine neue Verbindung bei gültigem Fahrbefehl aufgebaut werden und es kommt nicht zu einer Verzögerung. Die Bedeutung der Funkverbindung für das ETCS zeigt, dass das Funksystem hohe Anforderungen erfüllen muss. Insbesondere sind – wegen der sich bei hohen Geschwindigkeiten bewegenden Fahrzeuge – hierbei die Anforderungen an die Verbindungsqualität höher als bei GSM. Ein Beispiel hierfür ist der „Handover" beim Wechsel zwischen zwei Funkzellen, für den ein Maximum von 300 ms gefordert wird (Geistler und Schwab 2013). Neben den durch die Spezifikation von GSM-R vorgegebenen funktionalen Anforderungen sind die folgenden weiteren Anforderungen zu erfüllen:

- *Einhaltung qualitativer Anforderungen:* Hierbei handelt es sich um messtechnische Nachweise von Dienstgüten (Quality of Service). Beispiele für zu messende Parameter sind Verbindungsaufbauzeiten, Verbindungsaufbaufehlerraten, die Ende-zu-Ende-Übertragungsverzögerung, Verbindungsabbruchraten und Störungsdauern (Myslivec und Sagmeister 2013).
- *Einhaltung kapazitativer Anforderungen:* Damit das Netzwerk eine ausreichende Kapazität aufweist, sind zwei Dinge zu erfüllen. Hier ist zum einen sicherzustellen, dass die neu hinzukommenden Datenverbindungen in den Netzknoten (Mobile Switching Center – MSC) abgebildet werden können. Andererseits muss gewährleistet werden, dass die in einer Funkzelle zur Verfügung stehenden Kanäle (Traffic

Chanel – TCH) für die in dieser Funkzelle zur Anwendung kommenden GSM-R-Applikationen ausreichend sind. Hierzu ist die örtliche und zeitliche Wahrscheinlichkeit der applikationsbezogenen Verbindungen, beispielsweise für Zugfunk, Rangierfunk, ETCS etc. zu ermitteln (Göttig und Steinebach 2017).

- *Einhaltung sonstiger Anforderungen:* Diese Anforderungen umfassen beispielsweise Störmeldeprozesse, die Rückwirkungsfreiheit, die Dokumentation und das Berichtswesen (Göttig und Steinebach 2017).

Frühere Spezifikationen erlauben für ETCS Ausrüstungsstufe 2 nur den Einsatz eines verbindungsbasierten Datendienstes (Circuit Switched Data, CSD) für die Datenübertragung zwischen Funkstreckenzentrale und Fahrzeuggerät. Die für ETCS Ausrüstungsstufe 2 erforderlichen GSM-R Funkkapazitäten im Bereich von Rangierbahnhöfen und Eisenbahnknoten reichen nicht aus, wenn ausschließlich verbindungsbasierte Datendienste verwendet werden. Diese Datendienste sind ineffizient. Dieses Funkkapazitätsproblem löst der Einsatz eines paketorientierten Datendienstes (Packet Switched Data, PSD). Statt verbindungsorientiert erfolgt die Datenübertragung zwischen Funkstreckenzentrale und Fahrzeuggerät paketvermittelt. Damit dieser Datendienst verwendet werden kann, müssen Fahrzeugausrüstung, Streckenausrüstung und Mobilfunknetz PSD kompatibel sein. Auf diese Weise kann die Zugkapazität der einzelnen Funkzellen um ein Vielfaches gesteigert werden.

3.4.2 Future Railway Mobile Communication System (FRMCS)

Future Railway Mobile Communication System (FRMCS) ist der Arbeitstitel für die zukünftige Generation eines einheitlichen europäischen Digitalfunks für den Eisenbahnbetrieb. Die Notwendigkeit einer Weiterentwicklung des Digitalfunks für den Eisenbahnbetrieb ergibt sich aus zwei Bedarfen heraus:

- *Quality of Service (QoS):* Der Übergang zu einem Fahren im wandernden Raumabstand im ETCS Level 3 erfordert beispielsweise im Sekundentakt Positionsmeldungen der vorausfahrenden Züge. Damit müssen sehr stringente Anforderungen an das Latenzverhalten von FRMCS gestellt werden, die weit über das hinausgehen, was heute bei GSM-R üblich ist. Darüber hinaus werden für höhere Automatisierungsgrade im Schienenverkehr zukünftig bandbreitenintensive Daten übertragen werden müssen (Brand und Nänni 2019).
- *Obsoleszenz:* Es stellt sich auch die Problematik der GSM-R-Obsoleszenz immer dringender. Während der öffentliche Mobilfunk der 2. Generation (2G) schon in den nächsten Jahren verschwinden wird, garantiert die GSM-R-Industrie einen Lebenszyklus bis etwa in das Jahr 2030. Danach wird es allerdings infolge nicht mehr verfügbarer Komponenten und Know-how immer schwieriger und kostspieliger, den Betrieb aufrecht zu erhalten (Brand und Nänni 2019).

Das Future Railway Mobile Communication System wird in den 2020er und 2030er Jahren schrittweise den heutigen digitalen Betriebsfunk GSM-R ablösen (Potthoff et al. 2020). Als zu Grunde liegende Mobilfunktechnologie scheint sich der öffentliche Mobilfunk der 5. Generation (5G) als technologische Basis für FRMCS abzuzeichnen – mit entsprechenden Vorteilen aufgrund drastisch reduzierter Latenzzeiten. Das FRMCS-Spezifikations- und Definitionsprojekt mit Feldtests und Validierung soll im Jahr 2024 abgeschlossen werden. Eine entsprechende Anpassung der Technischen Spezifikationen für die Interoperabilität ist für die Jahre 2022 und 2024 geplant. Anschließend kann die Einführung von FRMCS bei den nationalen Bahnen beginnen (Brand und Nänni 2019). Hierbei sind die folgenden Aspekte zu betrachten:

- *Definition der Einführungsstrategie für FRMCS:* Hierbei muss festgelegt werden, in welcher Sequenz das neue System landesweit in Betrieb genommen werden soll. Eine Einführung kann fahrzeug- oder streckenseitig und dort nach Regionen, Strecken-arten oder Kombinationen daraus stattfinden. Bei der Entwicklung dieser Strategien ist bereits ein übergreifender Blick erforderlich, welcher nicht nur die Infrastruktur, sondern auch Eisenbahnverkehrsunternehmen (EVU) mit umzurüstenden Fahrzeugen, denen FRMCS als Netzzugangskritierium auferlegt werden muss, umfasst (Potthoff et al. 2020).
- *Infrastruktur Roll-out:* Auf Grundlage der zuvor entwickelten Strategie kann der Auf-bau des FRMCS-Netzes begonnen werden. Hierbei empfiehlt sich ein Vorgehen in zwei Phasen mit einer FRMCS-Erstimplementierung und einem folgenden Flächen-Rollout (Potthoff et al. 2020).
- *Fahrzeug Roll-out:* Parallel zum Rollout der Infrastruktur bedarf die Umrüstung und Softwareanpassung der Fahrzeuge der EVU, welche die Infrastruktur einer Bahn nutzen, der intensiven Vorbereitung. Wiederum aufbauend auf der Einführungs-strategie sind hierfür Umrüstplanungen zu erstellen, welche die Einsatzgebiete der Fahrzeuge, Umrüstdauer und Kapazität der Werke beachten. Dabei ist festzulegen, ob es eigene Umrüstungspausen für FRMCS geben soll oder diese in ohnehin geplante Instandhaltungsintervalle integriert werden können. Zudem sind dauerhafte oder temporäre Erweiterungen der Werkekapazität zu untersuchen. Zielsetzung ist ein auf-einander abgestimmtes zeitliches Vorgehen der Strecken- und Fahrzeugumrüstung entsprechend der zeitlichen Überlegungen aus der Einführungsstrategie (Potthoff et al. 2020).
- *Dienstemigration von GSM-R zu FRMCS:* Die Einführung eines neuen Funkstandards bedeutet für die Bahnen, dass an allen Applikationsschnittstellen sowie häufig auch in den Anwendungen erhebliche Anpassungen und neue Zertifizierungen not-wendig werden. Hierfür sind für jeden Dienst und jedes betroffene Verfahren früh-zeitig die entsprechenden Schritte zu planen und umzusetzen, welche eine Migration von GSM-R auf FRMCS bzw. eine erstmalige Etablierung von neuen Diensten über FRMCS ermöglichen (Potthoff et al. 2020).

3.4.3   Sicheres Datenübertragungsverfahren (EuroRadio)

Da über die Funkverbindung zwischen Fahrzeuggerät und Funkstreckenzentrale
sicherheitsrelevante Daten übertragen werden, müssen grundsätzliche verschiedene
Gefährdungen beherrscht werden. Bei der Kommunikation resultieren mögliche
Gefährdungen für den Betrieb aus der Wiederholung, der Auslassung, der Einfügung,
der Resequenzierung, der Verfälschung, der Verzögerung oder der Manipulation über-
tragener Botschaften. Daher müssen über Funk übertragene Daten gemäß EuroRadio-
Protokoll (UNISIG SUBSET 37) gesichert werden. Die Datenverbindung wird hierbei
als leitungsvermittelte Verbindung (Punkt-zu-Punkt) vom Fahrzeuggerät zur jeweiligen
Funkstreckenzentrale aufgebaut. Hierbei muss sichergestellt sein, dass die korrekte
(für die zu befahrende Strecke) zuständige Funkstreckenzentrale angerufen wird. Der
Kommunikationskanal kann als unsicherer sogenannte „grauer Kanal" angesehen
werden. Die Datenverbindung selbst ist unverschlüsselt mit kryptographischem Sicher-
heitscode. Die Sicherheitsebene nach (DIN EN 50159) wird im EuroRadio-Protokoll
realisiert und ist fahrzeugseitig im Fahrzeuggerät und streckenseitig in der Funkstreckenzentrale umgesetzt.

3.4.4   Management digitaler kryptografischer Schlüssel

Mit der Inbetriebnahme von Strecken in den ETCS Ausrüstungsstufen 2 und 3 muss
die Schnittstelle des ETCS-Fahrzeugrechners (European Vital Computer EVC) zur
streckenseitigen Funkstreckenzentrale gemäß den technischen Spezifikationen zur Interoperabilität (TSI) durch kryptografische Schlüssel gesichert werden, die vom Infrastrukturbetreiber erzeugt und verteilt werden müssen (Seither 2016). Zur Erzeugung und
Verteilung des benötigten Schlüsselmaterials für den Betrieb von Strecken mit ETCS
Level 2 wurde ein europaweit einheitliches Key Management System (KMS) definiert.
Es dient der Erzeugung, Aufbewahrung sowie der nationalen und internationalen Ver-
teilung der Schlüssel zu den Nutzern. Ein Key Management System besteht aus den
Funktionseinheiten Key Management Center sowie den Nutzern der kryptografischen
Schlüssel, also der Funkstreckenzentrale und dem ETCS-Fahrzeuggerät (EVC).

Ausgangspunkt des Schlüsselmanagements ist zunächst das sogenannte „Offline-Verfahren" (UNISIG Subset 38). Hierbei werden die folgenden Schlüssel unterschieden:

- *Authentisierungsschlüssel*, welche durch das Key Management System erzeugt und
  zur Funkstreckenzentrale und den Fahrzeuggeräten transportiert und dort installiert
  werden (KMAC). Beide Kommunikationspartner verwenden den selben Schlüssel
  sowohl für die Berechnung als auch für die Prüfung des Sicherheitsanhangs an die
  Nachricht. Wird die Nachricht verfälscht oder kommt sie von einem anderen als dem
  erwarteten Absender, stimmt der vom Empfänger berechnete Sicherungsanhang nicht

mit dem überein, der in der Nachricht enthalten ist, und der Empfänger muss die Nachricht verwerfen.

- *Sessionschlüssel*, welche von den Partnern aus dem Authentisierungsschlüssel bei jedem Verbindungsaufbau erzeugt werden.
- *Transportschlüssel*, welche dem gesicherten Transport innerhalb des Key Management Systems dienen (K-KMC, KTRANS).

Alle Nachrichten zwischen den einzelnen Komponenten werden mit allgemein zugänglichen Transportmedien (E-Mail bei der Kommunikation zwischen den Key Management Centern, Memory Sticks bei der Übergabe an den ETCS-Fahrzeugrechner oder an die Funkstreckenzentrale) ausgetauscht. Anhand der Verwendung von E-Mail und transportablen Speichermedien lässt sich sofort erkennen, dass auf dem Weg des Schlüsselmaterials vom erzeugenden Key Management Center bis zu den Funkstreckenzentralen und Fahrzeuggeräten viele menschliche Interaktionen notwendig sind (Seither 2016). Es wird daher von einem Offline-Verfahren gesprochen. Das Offline-Verfahren weist die folgenden Nachteile auf:

- Die Reaktionszeit des Systems, von der Anforderung der Schlüssel bis zur Installation, ist durch die menschlichen Schnittstellen zu lang und behindert die Eisenbahnverkehrsunternehmen bei der Disposition von Verkehren und dem kurzfristigen Einsatz von Fahrzeugen mit ETCS Level 2, denn jede der Streckenzentralen muss die passenden Schlüssel für alle ETCS-Fahrzeugeinrichtungen besitzen, mit denen sie kommunizieren soll (Brandenburg et al. 2010).
- Der Austausch dieser Transportschlüssel zwischen den Partnern ist unzureichend gelöst und erfordert aufwendige Absprachen zwischen den Administratoren der Key Management Center verschiedener Betreiber. Das Verfahren sieht vor, dass ETCS-Fahrzeugeinrichtungen ihre Authentifizierungsschlüssel nur von dem Key Management Center erhalten, bei dem der Betreiber der Fahrzeuge registriert ist, dem sogenannten „Heimat-KMC". Das bedeutet, dass die Schlüssel für die Kommunikation dieser ETCS-Fahrzeugeinrichtungen mit Streckenzentralen, die nicht im Heimat-KMC verwaltet werden, von einem „Fremd-KMC" generiert werden. Das Fremd-KMC darf die Schlüssel aber nicht an die Fahrzeugeinrichtungen weiterleiten, sondern muss sie an das Heimat-KMC senden, von wo aus die Installation der Schlüssel in den Fahrzeugeinrichtungen vorgenommen wird (Brandenburg et al. 2010).
- Weiterhin ist die verwendete Sicherheitstechnik mit symmetrischen 3DES-Transportschlüsseln veraltet und kann mit leistungsstarken Rechnern angegriffen werden. Dies ist nicht mehr mit dem gestiegenen Bewusstsein des Schutzes Kritischer Infrastrukturen und daraus resultierenden Maßnahmen des technischen, organisatorischen und physischen Zugriffsschutzes vereinbar.

Mit der Veröffentlichung eines neu definierten Online-Key-Managements (UNISIG Subset 137) werden diese erkannten Mängel behoben und hierfür ein einheitliches Verfahren geschaffen.

SN Flashcards

Als Käufer*in dieses Buches können Sie kostenlos unsere Flashcard-App „SN Flashcards" mit Fragen zur Wissensüberprüfung und zum Lernen von Buchinhalten nutzen.

1. Gehen Sie bitte auf https://flashcards.springernature.com/login und
2. erstellen Sie ein Benutzerkonto, indem Sie Ihre Mailadresse angeben und ein Passwort vergeben.
3. Verwenden Sie den folgenden Link, um Zugang zu Ihrem SN Flashcards Set zu erhalten: https://sn.pub/M4Za6a

Sollte der Link fehlen oder nicht funktionieren, senden Sie uns bitte eine E-Mail mit dem Betreff „SN Flashcards" und dem Buchtitel an customerservice@springernature.com.

Literatur

Brand AE, Nänni C (2019) Bahn- und Fahrgastkommunikation: von 2G/GSM-R zu 5G/FRMCS aus SBB-Perspektive. Signal + Draht 111(7 + 8):6–15

Brandenburg D, Grünberger E, Grandits M (2010) Effektive ETCS-Schlüsselverwaltung mit KEY. connect. Signal + Draht 102(4):44–48

Bruer H (2009) Eurobalise S 21 – eine Erfolgsstory. Signal + Draht 101(7 + 8):15–20

Burkhardt K, Eisenmann J (2005) Technischer Netzbetrieb GSM-R. Signal + Draht 97(7+8):12–16

DB Netz AG: Richtlinie 483.0701 „ETCS-Fahrzeugeinrichtungen bedienen" Aktualisierung 02 (München 08.12.2020)

Demitz, Jörg; Steffen Wolter; István Hrivnák: *RBC-Bedienoberflächen im internationalen Vergleich*. In: EI – Eisenbahningenieur. Januar 2016, S 38–41

DIN EN 50159:2011-04: Bahnanwendungen – Telekommunikationstechnik, Signaltechnik und Datenverarbeitungssysteme – Sicherheitsrelevante Kommunikation in Übertragungssystemen; Deutsche Fassung EN 50159:2010

Finken, Klaus; Hamblock, Thomas und Georg Klöters: ZSB 2000 auf dem Weg zu ETCS. In: Signal + Draht 111(10) 2019: 32–37

Fuß W, Wander D, Sonderegger P, Leopold L (2019) Eisenbahnsicherungstechnik in Schweizer Tunneln. Signal+Draht 111(12):44–50

Geistler A, Schwab M (2013) ETCS-L2 – Zugsicherung mit alternativen Funklösungen. Signal + Draht 105(7):14–20

Gfatter G, Berger P, Krause G et al (2003) Grundlagen der Bremstechnik, 2. Aufl. Knorr Bremse GmbH, München

Gfatter G, Henning M, Metzner O et al (2005) Bremssysteme für Güterwagen, 3. Aufl. Knorr Bremse GmbH, München

Göttig A, Steinebach JPB (2017) Anforderungen von ETCS an GSM-R bei der DB Netz AG am Beispiel VDE 8.2. Signal + Draht 109(1 + 2):15–24

Gu X (2005) Die Machbarkeit von GNSS/Galileo-basierter Zugortung für sicherheitsrelevante Anwendungen. Signal + Draht 97(1 + 2):6–11

Heckmanns K, Prem J, Reinicke S (2004) Bremsmanagement der ICE®-Züge. Eisenbahntechnische Rundschau 53(4):187–197

Lehr S (2005) Projektierung und Prüfung von ETCS-Streckenzentralen. Signal + Draht 97(6):14–17

Löwe, Josef und Wolfgang Opp (2012): Das Radio Block Center Trainguard 200 RBC. In: Signal + Draht 104(3): 29–31

Mitchell I (2009) Train integrity is the responsibility of the railway undertaking. Signal + Draht 101(6):38–39

Myslivec M, Sagmeister C (2013) QoS on GSM-R networks for ETCS Level 2 operation. Signal + Draht 105(9):37–42

Pachl J (2016) Systemtechnik des Schienenverkehrs – Bahnbetrieb planen, steuern und sichern. Springer Vieweg, Wiesbaden

Potthoff B, Döring S, Becka M, Lossau S (2020) Herausforderungen bei der Migration von GSM-R zu FRMCS. Signal + Draht 112(3):6–12

Ptok, Frank-Bernhard; Friederike Salbert: Einsparungen von Signalen bei ETCS. ETR 11(2007):682–688

Rhein D, Vinazzer C (2002) ETCS level 1 lineside system – the alcatel solution. Signal + Draht 94:58–65

Schnieder E, Barbu G (2009) Potenziale satellitenbasierter Ortung für Eisenbahnen. Eisenbahntechnische Rundschau 58(1+2):38–43

Schygulla, Timo; Jens Reißaus; Polina Gamm; Patrick Hoffmeister; André Totzauer-Stange: Erfahrungen aus der Anwendung der Balisentechnik bei der DB Netz AG. Signal + Draht 112(12):43–51

Seiffert R (2019) Train integrity, making ETCS L3 happen. Signal + Draht 102(9):49–50

Seither S (2016) Online key management für ETCS. Signal + Draht 108(9):51–57

UNISIG: SUBSET-027- FIS Juridical Recording. Version 3.3.0 vom 13.05.2016

UNISIG: SUBSET-034- Train Interface FIS. Version 3.2.0 vom 17.12.2015

UNISIG: SUBSET-035- Specific Transmission Module FFIS. Version 3.2.0 vom 16.12.2020

UNISIG: SUBSET-036-FFFIS for Eurobalise. Version 3.1.0 vom 17.12.2015

UNISIG: SUBSET-037-EuroRadio FIS. Version 3.2.0 vom 17.12.2015

UNISIG: SUBSET-038- Off-line Key Management FIS. Version 3.1.0 vom 17.12.2015

UNISIG: SUBSET-039-FIS for the RBC/RBC-Handover. Version 3.2.0 vom 17.12.2015

UNISIG: SUBSET-044- FFFIS for Euroloop. 2.3.0 vom 02.05.2008

UNISIG: SUBSET-137- On-line Key Management FFFIS. Version 1.0.0. vom 17.12.2015

Werdel H, Kolb J-J, Feltz A, Kast H (2003) Ausrüstung des gesamten Luxemburger Eisenbahnnetzes mit ETCS Level 1. Signal + Draht 95:19–24

Zoeller H-J (2002) Handbuch der ESTW-Funktionen – Die Sicherungsebene im Elektronischen Stellwerk. Tetzlaff, Hamburg

Funktionsweise des European Train Control Systems

4

Für ein einheitliches Verhalten des Zugsteuerungs- und Zugsicherungssystems ETCS wurden die grundlegenden Funktionsprinzipien festgelegt. In diesem Kapitel werden ausgewählte Grundprinzipien dargelegt. Ausgangsbasis ist die Darstellung der Grundlagen der Kommunikation zwischen Fahrzeug und Strecke. Die Darstellung aller weiteren Funktionen des ETCS nehmen Bezug auf die Darstellung der einzelnen Variablen, Pakete und Telegramme.

4.1 Kommunikation zwischen ETCS-Fahrzeug- und Streckenausrüstung

Dieser Abschnitt beschreibt die „Sprache" des European Train Control Systems (ETCS). Die ETCS-Sprache wird verwendet, um Informationen über den Luftspalt zwischen Fahrzeug- und Streckeneinrichtung zu übertragen. Dies betrifft zum einen die Datenübertragung zwischen Eurobalise oder dem Euroloop zur Fahrzeugantenne unter dem Fahrzeug. Dies betrifft zum anderen die bidirektionale Datenübertragung zwischen dem Fahrzeuggerät und der Funkstreckenzentrale über die Funkverbindung. Auch die Übergabe von Führungsgrößen von einem nationalen Zugsteuerungs- und Zugsicherungssystem an das ETCS-Fahrzeuggerät über die STM-Schnittstelle erfolgt mittels der ETCS-Sprache (Specific Transmission Module, STM). Die Definition von Variablen, Paketen und Nachrichten (bzw. Telegrammen) ist unabhängig von der Art der Datenübertragung zwischen Fahrzeug und Strecke. Die verbindliche Festlegung der ETCS-Sprache mit ihren Variablen, Paketen und Nachrichten erfolgt in spezifischen Dokumenten (UNISIG Subset 26-7)(UNIS Subset 26-8).

4.1.1 Variablen

Variablen sind die kleinste bedeutungtragende Einheit der ETCS-Sprache. Die Variablen sind mit Bezeichnungen und Wertebereichen eindeutig festgelegt (UNISIG Subset 26-7). Alle Variablen sind unabhängig vom Übertragungsmedium (Eurobalise, Euroloop oder die Datenübertragung über GSM-R). Alle Variablen haben ein Präfix, durch welche Sie in ihrer Bedeutung gruppiert werden können:

- Präfix „A_": Dieses Präfix steht für die Beschleunigungswerte (englisch: acceleration). Hierüber können beispielsweise Werte für eine reduzierte Bremsverzögerung im Falle eines eingeschränkten Rad/Schiene-Kraftschlusses übertragen werden.
- Präfix „D_": Dieses Präfix steht für Entfernungswerte (englisch: distance). Hierbei kann es sich beispielsweise um die seit der letzten relevanten Balisengruppe zurückgelegte Strecke handeln (D_LRBG) oder aber um die Strecke zwischen zwei Positionsmeldungen des Zuges an die Funkstreckenzentrale (D_CYCLOC).
- Präfix „G_": Dieses Präfix steht für Gradienten (englisch: gradient). Hierüber werden Informationen über Neigungen und Gefälle übertragen.
- Präfix „L_": Dieses Präfix steht für Längen (englisch: length). Hierüber werden Informationen über die Länge von Paketen (L_Packet) und Botschaften (L_Message) aber auch Längen von Geschwindigkeitseinschränkungen (L_TSR) sowie des Fahrzeugs (L_TRAIN) übertragen.
- Präfix „M_": Dieses Präfix steht für sonstige Informationen (englisch: miscellaneous). Hierüber können Informationen für die Fahrzeugsteuerung wie zum Beispiel Informationen zum Schließen der Lüftungsklappen des Personenzuges bei Tunnelfahrten (M_AIRTIGHT) aber auch Informationen des Fahrzeugs über die aktuelle Betriebsart (M_MODE) übertragen werden.
- Präfix „N_": Dieses Präfix steht für Nummern (englisch: number). Hierüber können Informationen wie beispielsweise die Anzahl von Eurobalisen in einer Balisengruppe (N_TOTAL) sowie zur Position der Balise innerhalb einer Balisengruppe (N_PIG) übertragen werden.
- Präfix „NC_": Dieses Präfix steht für Klassenbezeichnungen (englisch: class number). Hierüber können beispielsweise Informationen zu Zugkategorien übertragen werden.
- Präfix „NID_": Dieses Präfix steht für eindeutige Identifikationsnummern (englisch: identity number). Hierüber werden eindeutige Bezeichnungen von Ländern oder Regionen (NID_C), Balisengruppen (NID_BG) oder Fahrzeuggeräten übertragen (NID_ENGINE).
- Präfix „Q_": Dieses Präfix steht für verschiedene Kennzeichner (englisch: qualifier). Hierüber können nähere Informationen wie die Fahrtrichtung des Zuges (Q_DIRTRAIN), bzw. Angaben darüber übertragen werden, ob die von der Strecke

empfangenen Daten für die aktuelle Fahrtrichtung gültig oder zu verwerfen sind (Q_ DIR).

- Präfix „T_": Dieses Präfix steht für Zeitangaben (englisch: time/date). Beispiele hierfür sind die Zeiten zwischen der Versendung von Positionsmeldungen des Zuges (T_CYCLOC), bzw. Zeiten zwischen Anforderungen von Fahrbefehlen durch das Fahrzeug bei der Streckeneinrichtung (T_CYCRQST)
- Präfix „V_": Dieses Präfix steht für Geschwindigkeitsangaben (englisch: velocity). Beispiele hierfür sind die maximale Zuggeschwindigkeit (V_MAXTRAIN) sowie aus der Signalgebung resultierende zulässige Geschwindigkeiten (V_MAIN).
- Präfix „X_": Dieses Präfix steht für Textmeldungen. Hierüber können beliebige Textmeldungen an das Fahrzeug übertragen werden. Diese können dann dem Triebfahrzeugführer auf der Führerstandsanzeige angezeigt werden.

4.1.2 Pakete

Pakete gruppieren verschiedene Variablen in einer definierten internen Struktur (UNISIG Subset 26-7). Die Definition eines Pakets ist unabhängig vom jeweiligen Übertragungsmedium, auch wenn nicht alle Pakete über jedes Medium übertragen werden. Es wurden insgesamt 40 Pakete für die Kommunikation von der Strecke zum Fahrzeug und 7 Pakete für die Kommunikation vom Fahrzeug zur Strecke definiert. Ein Paket wird für beide Übertragungsrichtungen genutzt („end of information"). Nachfolgend wird für jede der beiden Übertragungsrichtungen ein exemplarisches Paket beschrieben.

Von der Strecke zum Fahrzeug werden Pakete für Fahrterlaubnisse (Paket 12 in Ausbaustufe 1, bzw. Paket 15 in Ausbaustufen 2 und 3) sowie das Gradientenprofil (Paket 21) übertragen. Ein weiteres wesentliches von der Strecke zum Fahrzeug übertragenes Datenpaket sind die National Values (nationale Werte). Die National Values werden in der Fahrzeugeinrichtung gespeichert (zu Beginn allgemein gültige Defaultwerte). Die National Values sind für einen definierten räumlichen Bereich (gekennzeichnet durch NID_C) gültig. Die Übertragung der National Values erfolgt an der Grenze zu einem ETCS-Ausrüstungsbereich, innerhalb eines ETCS-Ausrüstungsbereichs für Bereiche zur Bereitstellung von Fahrzeugen, an Zufahrten aus anderen ETCS-Bereichen mit anderen National Values (beispielsweise an Landesgrenzen) sowie an Übergabegleisen von Instandhaltungsstellen in denen ETCS-Fahrzeugeinrichtungen betreut werden. Das Paket National Values fasst eine Vielzahl unterschiedlicher Variablen zusammen:

- Werte zur Beschreibung der jeweiligen nationalen Ausprägung der ETCS-Überwachungsarten (beispielsweise Shunting, Staff Responsible, On Sight, Limited Supervision, Unfitted, Trip, Post Trip)
- Weitere Angaben zu den Überwachungsfunktionen wie beispielsweise zur Möglichkeit der Rücknahme der Zwangsbremsüberwachung bei Unterschreiten des

Geschwindigkeitsniveaus, die konkrete Ausprägung der Rückrollüberwachung oder Angaben zur Berechnung der Bremskurve.

Vom Fahrzeug zur Strecke werden beispielsweise Pakete für Positionsmeldungen zur Funkstreckenzentrale (Position Report, Paket 0) übertragen. Dieses Paket fasst mehrere Variablen zusammen.

- Die eindeutige Identifikationsnummer dieses Pakets (NID_PACKET)
- Die Länge des Pakets im Sinne der Anzahl der Bits (L_PACKET)
- Angaben darüber, in welcher Skalierung Entfernungsinformationen übergeben werden. Hier können Informationen in Intervallen von 10 cm, 1 m oder 10 m angegeben werden (Q_SCALE)
- Informationen zur aktuellen Position des Zuges: Identifikationsnummer der letzten überfahrenen Balisengruppe (NID_LRBG), die seit Überfahrung der letzten Balisengruppe zurückgelegte Distanz in Bezug auf den aktiven Führerstand des Zuges (D_LRBG), Position des Zuges in Relation zur Orientierung der Balisengruppe (Q_DIRLRBG und Q_DLRBG), Angaben zum aktuellen Vertrauensintervall der Wegmessung des Fahrzeugs unter Berücksichtigung der Positionsgenauigkeit der Balise (Q_LOCACC) unter Angabe der unteren Begrenzung des Vertrauensintervalls (L_DOUBTUNDER) sowie der oberen Begrenzung des Vertrauensintervalls (L_DOUBTOVER).
- Informationen zur Zugvollständigkeit gebildet aus der Aussage, ob eine Zugvollständigkeitsinformation auf dem Fahrzeug gebildet werden kann (Q_LENGTH) und ob der Zug vollständig ist (L_TRAININT).
- Angaben zur Fahrtrichtung des Zuges in Relation zur letzten Balisengruppe (Q_DIRTRAIN) sowie Angaben zur Geschwindigkeit des Zuges (V_TRAIN)
- Angaben zur aktuellen ETCS-Ausrüstungsstufe des Fahrzeugs (M_LEVEL) sowie zur aktuellen Betriebsart (M_MODE). Sollte der Zug im Level NTC fahren, wird auch eine Information über das jeweils aktive nationale Zugbeeinflussungssystem (NTC) mit übermittelt.

4.1.3 Telegramme und Nachrichten

Nachrichten sind umfangreiche Datensätze, die zwischen Fahrzeug und Strecke (und umgekehrt) übertragen werden (UNISIG Subset 26-8). Nachrichten werden über Mobilfunk übertragen. Telegramme werden über Eurobalisen übertragen. Für die Zusammenstellung von Telegrammen und Nachrichten gelten die folgenden Regeln. Balisentelegramme verfügen über eine einheitliche Struktur, die nachfolgend vorgestellt wird:

- Angaben zur Richtung der Information. Generell können Telegramme von der Strecke zum Fahrzeug oder umgekehrt übertragen werden (Variable Q_UPDOWN).
- Angaben zur verwendeten Version des ETCS-Systems (Variable M_VERSION)
- Angaben zum Verwendeten Übertragungsmedium – in diesem Fall der Eurobalise (Variable Q_MEDIA)
- Angaben zur Position der Eurobalise innerhalb einer Balisengruppe (Variable N_PIG)
- Angaben zur gesamten Anzahl der Eurobalisen innerhalb einer Balisengruppe (Variable N_TOTAL)
- Angaben darüber, ob es sich bei der Eurobalise um die Wiederholung einer bereits zuvor überfahrenen oder demnächst zu überfahrenen Eurobalise handelt (Variable M_DUP)
- Botschaftszähler, der offenbart, wenn sich das über die Eurobalise übertragene Telegramm während der Überfahrt ändert (Variable M_COUNT). Dies ist insbesondere für Transparentdatenbalisen relevant.
- Eindeutige Identifikationsnummer der Eurobalise, die sich aus einem Bezeichner für das Land oder die Region zusammensetzt (NID_C) sowie der innerhalb eines Landes/ einer Region eindeutigen Identifikationsnummer der Eurobalise (NID_BG).
- Angaben darüber, ob die Eurobalise verlinkt ist oder nicht (Q_LINK).
- Die eigentliche in der Eurobalise zu übertragenen Informationen zusammengesetzt aus verschiedenen standardisierten Paketen.
- Abschluss des Balisentelegramms (Paket 255)

Im Rahmen der ETCS-Sprache werden auch Funknachrichten standardisiert, welche sich aus Paketen zusammensetzen. Vom Fahrzeug zur Strecke übermittelte Funknachrichten sind beispielsweise die Anforderung eines Fahrbefehls (Nachricht 132), das Absetzen einer Positionsmeldung des Fahrzeugs für die Funkstreckenzentrale (Nachricht 136) sowie die Anforderung einer Erlaubnis zur Durchführung einer Rangierfahrt (Nachricht 130). Von der Strecke zum Fahrzeug übermittelte Funknachrichten umfassen beispielsweise die Übermittlung des Fahrbefehls (Nachricht 3) sowie die Zulassung oder Ablehnung der Anforderung einer Erlaubnis zur Durchführung einer Rangierfahrt (Nachrichten 27 und 28). Auch Funknachrichten werden sind nach vorgegebenen Regeln aufgebaut:

- Identifikationsnummer der versendeten Nachricht (NID_MESSAGE)
- Die gesamte Länge der Nachricht (L_MESSAGE)
- Zeitstempel der Funkstreckenzentrale (T_TRAIN)
- Für den Fall einer Nachricht von einem Fahrzeug zur Streckeneinrichtung die Identifikationsnummer des Zuges (NID_ENGINE)
- Für den Fall einer Nachricht von der Streckeneinrichtung zum Fahrzeug Angaben darüber, ob die Nachricht eine Quittierung benötigt oder nicht (M_ACK)

- Für den Fall einer Nachricht von der Streckeneinrichtung zum Fahrzeug die Identifikationsnummer der letzten relevanten Balisengruppe (NID_LRBG)
- Pakete wie in der versendeten Nachricht gefordert

4.2   Übergänge zwischen den Ausrüstungsstufen

Zwischen den einzelnen Ausrüstungsstufen bestehen verschiedene Möglichkeiten der Übergänge. Diese Übergänge werden Transitionen genannt. Aufgrund der Vielzahl verschiedener Übergangsmöglichkeiten, werden an dieser Stelle nur ausgewählte Transitionen für ein grundlegendes Verständnis von ETCS hier ausführlich behandelt.

4.2.1   Aufnahme in Ausrüstungsstufe 1

Die Aufnahme in die Ausrüstungsstufe 1 ist in Abb. 4.1 dargestellt. Für den Zug liegt ein gesicherter Fahrweg über die Grenze des Streckenbereichs vor. Der Triebfahrzeugführer fährt das Fahrzeug vor der Bereichsgrenze ausschließlich nach Maßgabe der ortsfesten Signale. Die Aufnahme in die Ausrüstungsstufe 1 erfolgt in mehreren Schritten:

- Balisengruppe 1 enthält eine Ankündigung des Übergangs („Transition") in Ausrüstungsstufe 1. Dies geschieht mit Paket 41 (Level Transition Order). Paket 41 enthält neben einer Entfernungsangabe zur Bereichsgrenze (Variable D_LEVELTR) eine Angabe über die Ausrüstungsstufe hinter der Bereichsgrenze (Variable M_LEVELTR = 2 für ETCS Level 1). Der Übergang in Ausrüstungsstufe 1 wird dem Triebfahrzeugführer in seiner Führerstandsanzeige dargestellt. Das Fahrzeug wird zu diesem Zeitpunkt nach wie vor nur auf die Einhaltung der für nicht mit ETCS ausgerüsteten Streckenbereiche maximal zulässigen Geschwindigkeit überwacht.

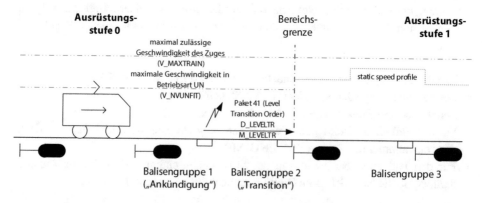

Abb. 4.1 Übergang von Ausrüstungsstufe 0 in Ausrüstungsstufe 1

- Balisengruppe 2 kommandiert den Wechsel in Ausrüstungsstufe 1. Sie überträgt auch einen gültigen Fahrbefehl (Movement Authority) sowie Streckeninformationen (Geschwindigkeits- und Gradientenprofil). Mit Überfahrt von Balisengruppe 2 erfolgt der Wechsel in Ausrüstungsstufe 1. Liegen ein gültiger Fahrbefehl und Streckeninformationen vor, wird das Fahrzeug in die Betriebsart Vollüberwachung aufgenommen. Der Fahrbefehl erstreckt sich mindestens bis zum nächsten Signal.
- Der Fahrbefehl kann dann an Balisengruppe 3 über das Signal hinaus in den nächsten Gleisabschnitt verlängert werden.

4.2.2 Aufnahme in Ausrüstungsstufe 2

Der Aufbau der Funkverbindung des Fahrzeugs zur Funkstreckenzentrale benötigt Zeit. Daher muss rechtzeitig vor der Annäherung an einen Streckenbereich mit der Ausrüstungsstufe 2 der Aufbau der Funkverbindung angestoßen werden. Die Aufnahme in Ausrüstungsstufe 2 erfolgt in mehreren Schritten (vgl. Abb. 4.2). Die einzelnen Schritte werden anhand der übertragenen Pakete (UNISIG Subset 26-7) und Messages (UNISIG Subset 26-8) dargestellt.

- Im Zuge der Funknetzwerkregistrierung wird bei Überfahrt einer Eurobalise das GSM-R Netz übertragen, mit welchem das Fahrzeug eine Verbindung aufbauen soll. Für das Funknetzwerk wird eine eindeutige Identifikationsnummer vergeben (Paket 45).

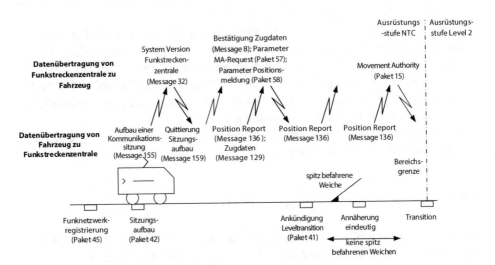

Abb. 4.2 Übergang von Ausrüstungsstufe 0 in Ausrüstungsstufe 2

- Des Weiteren wird bei Überfahrt einer Eurobalise ein Paket übertragen mit der Telefonnummer der Funkstreckenzentrale, mit der eine Verbindung aufgebaut werden soll (Paket 42).
- Das Fahrzeug verwendet die zuvor empfangenen Daten des Funknetzwerks und die Telefonnummer der Funkstreckenzentrale und baut eine Kommunikationssitzung auf (Nachricht 155).
- Nachdem die Sitzung hergestellt wurde, erfolgt ein Versionsabgleich zwischen Strecken- und Fahrzeugeinrichtung. Hierbei teilt zunächst die Funkstreckenzentrale dem Fahrzeug die verwendete Version der ETCS-Spezifikation mit (Nachricht 32).
- Als Antwort auf die von der Funkstreckenzentrale erhaltene Information über die verwendete Systemversion quittiert das Fahrzeug die Informationen und teilt wiederum der Funkstreckenzentrale seine Systemversion mit (Nachricht 159).
- Es schließt sich ein Austausch von Parametern für die wechselseitige Kommunikation zwischen Fahrzeug und Strecke an. Hierbei setzt zunächst das Fahrzeug eine Positionsmeldung an die Funkstreckenzentrale ab (Nachricht 136 mit Paket 0). Hierbei teilt der Zug der Funkstreckenzentrale unter anderem seinen Abstand zur letzten überfahrenen Balisengruppe mit. Des Weiteren teilt das Fahrzeug der Funkstreckenzentrale seine Zugdaten mit (Nachricht 129). Die Zugdaten umfassen unter anderem Angaben zu Zuglänge, Lichtraumprofil und Achslasten, welche gegebenenfalls durch die Funkstreckenzentrale bei der Ermittlung der für dieses Fahrzeug gültigen Fahrterlaubnis mit berücksichtigt werden müssen.
- Die Funkstreckenzentrale bestätigt die empfangenen Zugdaten (Nachricht 8). Gleichzeitig wird dem Fahrzeug mitgeteilt, wann und wie oft es einen Fahrbefehl empfangen soll (Paket 57), bzw. wann und wie oft es seine Position an die Funkstreckenzentrale melden soll (Paket 58).
- Bei Überfahrt der nächsten Eurobalise wird dem Fahrzeug mitgeteilt, wo die Transition in Level 2 stattfinden soll (Paket 41).
- Das Fahrzeug fährt weiter und meldet regelmäßig seine Position an die Funkstreckenzentrale. Vor der Bereichsgrenze ist eine Eurobalise verlegt, von der an bis zur Grenze keine spitz befahrene Weiche liegt. In diesem Fall ist die Annäherung des Zuges eindeutig und das Fahrzeug erhält noch vor der Grenze einen Fahrbefehl (Paket 15). Damit teilt die Funkstreckenzentrale die zulässigen Geschwindigkeiten und die Länge des Fahrbefehls hinter der Bereichsgrenze mit.
- An der Bereichsgrenze liegt eine weitere Eurobalise. Hier erfolgt die eigentliche Transition in die Ausrüstungsstufe 2.

4.2.3 Entlassung in Ausrüstungsstufe 0

Die Entlassung aus ETCS Ausrüstungsstufe 1 in Ausrüstungsstufe 0 ist in Abb. 4.3 dargestellt. Die Entlassung in Ausrüstungsstufe 0 erfolgt in mehreren Schritten:

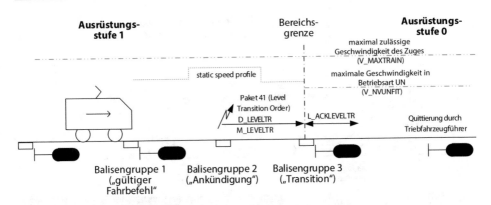

Abb. 4.3 Entlassung in Ausrüstungsstufe 0

- Das Fahrzeug passiert Balisengruppe 1 und empfängt einen Fahrbefehl und Strecken-informationen. Um zu verhindern, dass das Fahrzeug den Bereich hinter der Bereichsgrenze mit einer zu hohen Geschwindigkeit befährt, können die Strecken-informationen auch Streckenbereiche hinter der Bereichsgrenze mit umfassen.
- Balisengruppe 2 kündigt die Entlassung aus der aktuellen Ausrüstungsstufe an. Hierzu wird das Paket 41 (Level Transition Order) übertragen. Im Paket 41 wird neben der Distanz zur Bereichsgrenze (Variable D_LEVLTR) auch die Ausrüstungs-stufe hinter der Bereichsgrenze übertragen (Variable M_LEVELTR = 0 für ETCS Level 0). Überfährt die Spitze des Zuges die Bereichsgrenze, wird der Triebfahr-zeugführer zur Quittierung aufgefordert. Die Aufforderung zur Quittierung bleibt für einen räumlichen Bereich hinter der Bereichsgrenze aktiv. Die Länge dieses Strecken-bereichs ergibt sich aus der Variablen L_ACKLEVELTR. Bestätigt der Triebfahr-zeugführer den Übergang, kann das Fahrzeug die Fahrt mit der hierfür zugelassenen Geschwindigkeit fortsetzen. Das Fahrzeug wechselt in die Ausrüstungsstufe 0 und in die Betriebsart UN (Unfitted; Überwachung der maximal zulässigen Geschwindigkeit für diese Betriebsart).
- Balisengruppe 3 kommandiert das Fahrzeug in die Ausrüstungsstufe 0. Der Triebfahr-zeugführer muss spätestens jetzt innerhalb von 5s quittieren. Geschieht dies abermals nicht, wird eine Betriebsbremse ausgelöst, die nur durch ein Quittieren des Wechsels der Ausrüstungsstufe wieder zurückgenommen werden kann.

4.2.4 Aufnahme und Entlassung in Ausrüstungsstufe NTC

Nachfolgend wird der Übergang von einem mit ETCS ausgerüsteten Streckenbereich in einen mit einem nationalen Zugbeeinflussungssystem ausgerüsteten Streckenbereich dargestellt (vgl. hierzu auch Abb. 4.4). Die Übergabe der Sicherheitsverantwortung vom

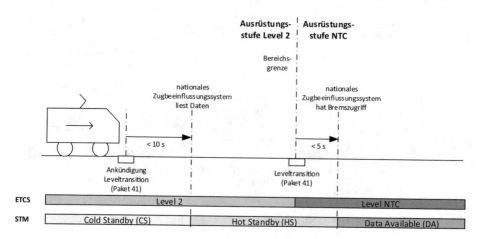

Abb. 4.4 Entlassung aus ETCS Level 2 und Aufnahme in Level NTC

ETCS zum nationalen Zugbeeinflussungssystem geschieht in den folgenden Schritten (Dräger 2004):

- Die Aufforderung, ein bestimmtes nationales Zugbeeinflussungssystem (NTC) zu aktivieren, wird von der Streckeneinrichtung über eine „Ankündigungs-Balise" an das ETCS-Gerät übertragen. Über den Empfang dieses Kommandos wird der Triebfahrzeugführer durch eine Darstellung auf der Führerstandsanzeige hingewiesen (UNISIG Subset 35).
- Das ETCS-Fahrzeuggerät kommandiert über die STM-Schnittstelle das ausgewählte NTC vom Betriebszustand „Cold Standby" (CS, Empfangseinrichtung abgeschaltet) in den Betriebszustand „Hot-Stand-by" (HS). Dies bedeutet, dass das ausgewählte NTC berechtigt ist, seine Sende- und Empfangs-Einrichtungen zu aktivieren, um Informationen mit den nationalen Streckeneinrichtungen auszutauschen. Außerdem erhält es jetzt auch die Statusinformationen von der Schnittstelle zur Fahrzeugsteuerung und von der Schnittstelle zum Bremssystem. Nachdem sich das NTC über die STM-Schnittstelle bei dem ETCS-Fahrzeuggerät im Betriebszustand „Hot Standby" zurückgemeldet hat, kann es seine systembedingten Parameter (Geschwindigkeit und Entfernung) an das ETCS-Fahrzeuggerät übergeben. Für die Rückmeldung des Status „Hot Standby" an das ETCS-Fahrzeuggerät steht dem NTC ein Zeitfenster von 10s zur Verfügung. Überschreitet es dieses Zeitfenster, gilt es für das ETCS-Gerät als ausgefallen (UNISIG Subset 35).
- Das NTC übergibt über die STM-Schnittstelle Parameter zu Geschwindigkeitseinschränkungen an das ETCS-Fahrzeuggerät, sodass diese Parameter vom ETCS-Fahrzeuggerät bei der Berechnung der zulässigen Fahrweise mitberücksichtigt werden können. Das NTC übergibt dem ETCS-Fahrzeuggerät die neue Systemgeschwindigkeit für die Fahrt mit dem nationalen Zugbeeinflussungssystem und die Entfernung

zum Wechselpunkt, an dem die Systemgeschwindigkeit erreicht sein soll. Als weiterer Parameter wird die maximale Geschwindigkeit, mit der das NTC die Transition durchführen will, übergeben. Diese Geschwindigkeit wird im ETCS-Fahrzeuggerät zur Geschwindigkeitsüberwachung während der Transition, also in der Zeit von der Abgabe der Überwachung vom ETCS-Fahrzeuggerät an das NTC, d. h. bis das NTC sich beim ETCS als „Aktiv" (DA, Data Available) zurückgemeldet hat, genutzt (UNISIG Subset 35).

- Bisher wurde der Triebfahrzeugführer nur darüber informiert, dass er auf einen Transitionsort zufährt. Ab einem in ETCS definierten Abstand vor der Transition erhält der Triebfahrzeugführer eine Aufforderung, den Wechsel in das andere Zugsicherungssystem zu quittieren. Dieser Aufforderung kann er vor dem Transitionsort und in einem zeitabhängigen Bereich hinter der Transition von 5s nachkommen. Quittiert er die Aufforderung bis zu diesem Zeitpunkt nicht, wird vom ETCS-Fahrzeuggerät eine Bremsung eingeleitet (UNISIG Subset 35).

- Mit Erreichen des Transitionsortes, das kann die Eurobalise sein oder auch der Ablauf der in der Ankündigungs-Balise genannten Distanz bis zur Transition, erfolgt vom ETCS-Fahrzeuggerät die Kommandierung des NTC in den Zustand „Data Available" (DA). Dieser Kommandierung muss das NTC innerhalb von 5s nachgekommen sein. Sollte die Statusmeldung nicht innerhalb der Überwachungszeit eintreffen, erfolgt vom ETCS-Gerät eine Sicherheitsreaktion und das NTC gilt als ausgefallen (Systemzustand Failure, FA). Bis das NTC sich in „DA" zurückmeldet, erfolgt vom ETCS-Fahrzeuggerät immer noch die Überwachung auf die zuvor übertragene maximale Geschwindigkeit (UNISIG Subset 35).

- Nachdem sich das NTC an das ETCS-Fahrzeuggerät mit dem Kommando „DA" zurückmeldet, hat das NTC auch den aktiven Zugriff auf die Schnittstelle zur Fahrzeugsteuerung, das Bremssystem und die Führerstandsanzeige. Der Systemwechsel ist damit abgeschlossen (UNISIG Subset 35).

Nachfolgend wird der Übergang von einem mit einem nationalen Zugbeeinflussungssystem ausgerüsteten Streckenbereich in einen mit ETCS ausgerüsteten Streckenbereich dargestellt. Die Übergabe der Sicherheitsverantwortung vom nationalen Zugbeeinflussungssystem zum ETCS geschieht in den folgenden Schritten:

- Befindet sich das Fahrzeug unter der Überwachung eines nationalen Zugsicherungssystems (NTC), so ist auch hier der Systemübergang zu ETCS während der Fahrt durch die Kommandierung über eine Ankündigungs- und Transitions-Balise möglich. Auch bei diesem Übergang erfolgt die Information des Triebfahrzeugführers über den angekündigten Übergang.

- Das ETCS-Fahrzeuggerät wird jetzt bei einem Wechsel in den Level 2 die Funkverbindung mit der Funkstreckenzentrale (Radio Block Center, RBC) aufbauen und das Fahrzeug nach Abschluss der „Prüfaktivitäten" in die Ermittlung von Fahrbefehlen (Movement Authority, MA) eingebunden.

- In einer definierten Distanz vor der Transition wird der Triebfahrzeugführer wieder zu einer Quittierung, die innerhalb von 5s hinter dem Transitionsort erfolgen kann, aufgefordert. Erfolgt die Quittierung nicht innerhalb dieser Zeit, löst das ETCS-Fahrzeuggerät eine Betriebsbremsung aus.

Damit der Übergang vom nationalen Zugbeeinflussungssystem zum ETCS ohne Störung erfolgen kann, muss auf dem Fahrzeug für ETCS vor Erreichen der Transition ein Fahrbefehl (MA) vorliegen, der in den neuen Bereich hineinreicht. Am Transitionsort erfolgt dann von ETCS eine „Unconditional Order CS", mit der das NTC bedingungslos aufgefordert wird, die Verantwortung an das ETCS-Gerät zurückzugeben. Mit der Kommandierung entzieht das ETCS-Fahrzeuggerät dem NTC den aktiven Zugriff auf die fahrzeugseitigen Schnittstellen zu Zugsteuerung und Bremssystem und übernimmt auch wieder die Anzeige auf der Führerstandsanzeige. Das NTC muss sich innerhalb von 10s im Zustand „CS" zurückgemeldet haben. Anderenfalls wird es vom ETCS-Fahrzeuggerät als gestört betrachtet. Die einzige verbleibende Funktion des NTC ist es, seine Kommunikation mit den nationalen Streckeneinrichtungen auch im Zustand „CS" fortzuführen, bis es diese entsprechend seinen Konventionen normal beenden kann.

4.3   Betriebsarten des European Train Control Systems

Das European Train Control System (ETCS) verfügt über verschiedene Betriebsarten (Modi). Die Betriebsarten gewährleisten einen sicheren Schienenverkehr in verschiedenen betrieblichen Situationen (beispielsweise im Rangierbetrieb oder bei Fernsteuerung einer Lokomotive am Ende des Zuges aus einem Steuerwagen). Je nach Betriebsart übernimmt das Fahrzeuggerät unterschiedliche Umfänge an Überwachungsfunktionen. Eine tabellarische Übersicht der in den einzelnen Betriebsarten aktiven Überwachungsfunktionen ist in der ETCS-Spezifikation enthalten (UNISIG Subset 26-4). Soweit technisch möglich, wird die Betriebsart dem Triebfahrzeugführer mit einem entsprechenden Symbol auf der Führerstandsanzeige angezeigt. Im Betrieb sind Wechsel zwischen den verschiedenen Betriebsarten erforderlich. ETCS sieht Betriebsartenübergänge vor und knüpft diese an klare definierte Voraussetzungen, welche vom Fahrzeuggerät überwacht werden. In diesem Abschnitt werden zunächst die Betriebsarten mit aktiver Überwachung durch das ETCS-Fahrzeuggerät vorgestellt (Abschn. 4.3.1). Es folgt eine Darstellung der Betriebsarten ohne Überwachung durch das ETCS-Fahrzeuggerät (Abschn. 4.3.2). Abschließend werden die Betriebsarten bei inaktivem ETCS-Fahrzeuggerät erläutert (Abschn. 4.3.3).

4.3.1 Betriebsarten mit aktiver Überwachung durch das ETCS-Fahrzeuggerät

Es können verschiedene Betriebsarten unterschieden werden, bei denen die Fahrzeugbewegung vom ETCS-Fahrzeuggerät überwacht wird:

- *Full Supervision (FS):* In dieser Betriebsart befindet sich das Fahrzeug in der sogenannten Vollüberwachung. In dieser Betriebsart gilt die Führerraumanzeige mit ihren Führungsgrößen (Sollgeschwindigkeit, Zielgeschwindigkeit und Zielentfernung). Außerdem erfolgt in dieser Betriebsart die kontinuierliche Überwachung eines streckenseitig vorgegebenen Geschwindigkeitsprofils durch das ETCS-Fahrzeuggerät. Damit ist die gesamte Sicherung der Fahrzeugbewegung durch die ETCS-Fahrzeugausrüstung sichergestellt. Die ETCS-Fahrzeugausrüstung kann erst in die Betriebsart Vollüberwachung wechseln, wenn alle benötigten Daten des Zuges (beispielsweise Angaben zu Zuglänge und Bremsvermögen) und der Strecke (beispielsweise Geschwindigkeitsvorgaben und das Gradientenprofil) im ETCS-Fahrzeuggerät vorhanden sind und der Standort des Zuges hinreichend genau bekannt ist. Diese Betriebsart kann nicht vom Triebfahrzeugführer ausgewählt werden. Der Übergang in diese Betriebsart erfolgt automatisch, wenn alle erforderlichen Informationen von der Strecke zum Fahrzeug übertragen wurden.
- *Limited Supervision (LS):* In der Betriebsart Limited Supervision wird der Triebfahrzeugführer nur im Hintergrund überwacht. Hierbei ist keine Vollüberwachung über die gesamte Strecke vorhanden und die Verlinkung von Eurobalisen nicht durchgehend vorhanden. In der Betriebsart Limited Supervision werden nur die für eine Teilüberwachung (beispielsweise zwischen Vor- und Hauptsignal) erforderlichen Daten übertragen. Die konkrete Umsetzung dieser Betriebsart ist national unterschiedlich. Es gelten hier in jedem Land unterschiedliche maximal zulässige Geschwindigkeiten für diese Betriebsart. Diese werden als Bestandteil des Datenpakets National Values (Variable V_NVLIMSUPERV) an der Grenze zu mit ETCS ausgerüsteten Bereichen (bspw. Landesgrenze) von der Strecke zum Fahrzeug übertragen. Das System gewährleistet eine verdeckt wirkende Überwachung. Dem Triebfahrzeugführer werden – im Gegensatz zur Betriebs Full Supervision – keine Führungsgrößen auf der Führerstandsanzeige dargeboten (Weigand 2007).
- *On Sight (OS):* In dieser Betriebsart verkehrt das Fahrzeug auf Sicht. Dies ist unter anderem dann betrieblich der Fall, wenn Gleisfreimeldeeinrichtungen gestört sind, Störungen an Bahnübergangssicherungsanlagen vorliegen, Blocksysteme defekt sind oder aber in einen besetzten Gleisabschnitt eingefahren werden soll. Die Weichen im Fahrweg sind eingestellt und in Endlage verschlossen. Der ETCS-Fahrzeugrechner überwacht die national zulässige Höchstgeschwindigkeit für diese Betriebsart sowie das Ende der Fahrterlaubnis. Der Wechsel in diese Betriebsart wird immer von der Streckeneinrichtung kommandiert. Der Triebfahrzeugführer muss den Wechsel in

diese Betriebsart stets über eine Quittungstaste bestätigen, da er hier in höherem Maße eine Sicherheitsverantwortung übernehmen muss.

- *Staff Responsible (SR):* Diese Betriebsart wird bei unbekannter Position des Fahrzeuges, zum Beispiel nach dem Aufstarten angewendet. Die konkrete Ausprägung dieser Betriebsart ist national unterschiedlich. So werden die größtmögliche Distanz, die in dieser Betriebsart zurückgelegt werden kann (Variable D_NVSTFF), sowie die national zulässige Höchstgeschwindigkeit in dieser Betriebsart (Variable V_NVSTFF) dem Fahrzeug im Datenpaket National Values übergeben und dann in den Überwachungsfunktionen durch das Fahrzeuggerät verwendet. Da auf dem Fahrzeug keine Informationen über einen technisch gesicherten Fahrweg vorliegen, muss der Triebfahrzeugführer in dieser Betriebsart das Freisein des vor ihm liegenden Fahrwegabschnittes überwachen, sich über die korrekte Endlage der Weichen vergewissern sowie etwaige ortsfeste Signale entlang der Strecke beachten.

- *Shunting (SH):* Die Betriebsart Rangieren ermöglicht außerhalb und innerhalb von ETCS-Strecken Rangierbewegungen. Der Wechsel in diese Betriebsart kann zum einen von der Streckenseite kommandiert werden. In diesem Fall muss der Triebfahrzeugführer den Wechsel in diese Betriebsart im Führerstand quittieren, da er ein einem größeren Maße für die Sicherheit der Fahrzeugbewegung verantwortlich ist. Der Wechsel in diese Betriebsart kann zum anderen aber auch vom Triebfahrzeugführer ausgewählt werden. In Level 2 und Level 3 kann der Wechsel in diese Betriebsart von der Funkstreckenzentrale zurückgewiesen werden. Die Betriebsart Rangieren wird durch eine Bedienhandlung des Triebfahrzeugführers beendet. Da Rangierfahrten in besetzte Gleisabschnitte einfahren und auch rückwärtsfahren können, sichert ETCS diese Betriebsart mit einer Überwachung der zulässigen Rangierbereiche. Die konkrete Umsetzung dieser Betriebsart ist national unterschiedlich. Die national zulässige Höchstgeschwindigkeit in dieser Betriebsart (Variable V_NVSHUNT) wird dem Fahrzeug bei Einfahrt in einen mit ETCS ausgerüsteten Streckenbereich (bspw. Grenzübertritt) im Datenpaket National Values übergeben und dann in den Überwachungsfunktionen durch das Fahrzeuggerät verwendet.

- *Trip (TR):* Betriebsart nach dem Überfahren des Endes einer Fahrterlaubnis (an einem Halt zeigenden Signal in ETCS-Level 1, bzw. einem ETCS-Halt im ETCS-Level 2). Das Fahrzeug wird mit einer unmittelbaren Zwangsbremsung zum Stillstand gebracht. Der Triebfahrzeugführer kann so lange keine weiteren Bedienungen ausführen, bis der Zug stillsteht.

- *Post Trip (PT):* Nach dem Stillstand des Zuges bestätigt der Triebfahrzeugführer die Quittierungsaufforderung mit der Quittungstaste. Das ETCS-Fahrzeuggerät wechselt in die Betriebsart „Überfahren der Fahrterlaubnis quittiert" (PT). Das ETCS-Fahrzeuggerät stellt hierbei sicher, dass der Zug nicht weiter vorwärts fährt. Eine Rückwärtsfahrt über eine maximale Distanz (gemäß jeweils gültiger nationaler Regelwerke) ist zulässig. Die konkrete Umsetzung dieser Betriebsart ist national unterschiedlich. Die national zulässige Distanz, mit der das Fahrzeug rückwärts bewegt werden kann (Variable D_NVPOTRP) wird dem Fahrzeug bei Grenzübertritt im Datenpaket National Values übergeben und dann in den Überwachungsfunktionen durch das Fahrzeug verwendet. Im Falle technischer Störungen an der Streckeneinrichtung kann es auch erforderlich werden, die Fahrt in den vorausliegenden Streckenabschnitt mit einer Befehlsfahrt fortzusetzen. Diese Befehlsfahrt darf vom Fahrer nur verwendet werden, wenn hierfür ein mündlicher Befehl des Fahrdienstleiters vorliegt. Das Vorgehen hierfür richtet sich nach dem nationalen Regelwerk. Die Befehlsfahrt wird national unterschiedlich geregelt, weswegen verschiedene Parameter hierfür als Bestandteil des Datenpakets National Values bei Einfahrt in einen mit ETCS ausgerüsteten Bereich an das Fahrzeuggerät übergeben werden. Hierbei handelt es sich um die überwachte Maximalgeschwindigkeit für die Befehlsfahrt (V_NVSUPOVTRP), die maximale Strecke für welche die Befreiung wirksam ist (D_NVOVTRP) sowie eine Zeitspanne während der die Zwangsbremsung unterdrückt wird (T_NVOVTRP). Nach der Befehlsfahrt wechselt das Fahrzeug in die Betriebsart Staff Responsible.

- *Reversing (RV):* Diese Betriebsart ermöglicht es dem Triebfahrzeugführer, einen Zug in einer Gefahrensituation, zum Beispiel bei einem Brandereignis im Tunnel, ohne Wechsel des Führerstandes vom vorderen Führerstand rückwärts über einen gesicherten Fahrweg aus dem Tunnel zu fahren, wenn im Gefahrenfall das näher liegende Ende bzw. das einzig erreichbare Ende des Tunnels in Rückwärtsrichtung liegt (Fuß et al. 2019). Hierbei ist zunächst der hinter dem Zug liegende Fahrweg technisch durch das Zusammenwirken von Stellwerk und Funkstreckenzentrale zu sichern (vgl. Abb. 4.5). Danach wird dem Fahrzeug von der Streckeneinrichtung mitgeteilt über welche Strecke (D_REVERSE) es mit welcher Geschwindigkeit (V_REVERSE) rückwärtsfahren darf. Der Fahrer fährt den Zug anschließend rückwärts über den technisch gesicherten Fahrweg bis zum Tunnelportal (Fuß et al. 2019). Darüber hinaus müssen auch Dispositionsfunktionen (Zuglenkung) mit berücksichtigt werden. Im Falle eines Ereignisses werden auf die Zulaufstrecken der Tunnel-Kopf-

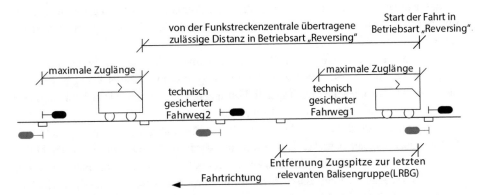

Abb. 4.5 Evakuierung eines Zuges über einen rückwärts gesicherten Fahrweg (Hellwig und Wander 2004)

stationen keine Stellaufträge mehr ausgegeben. Dadurch wird verhindert, dass Züge in den Räumungsbereich der aus dem Tunnel zu evakuierenden Züge einfahren können (Schläppi 2007).

4.3.2 Betriebsarten ohne Überwachung durch das ETCS-Fahrzeuggerät

Es können verschiedene Betriebsarten unterschieden werden, bei denen das Fahrzeug nicht vom ETCS-Fahrzeuggerät überwacht wird.

- *Sleeping (SL):* In dieser Betriebsart ist das Triebfahrzeug beispielsweise von einem Steuerwagen am Anfang des Zugverbandes ferngesteuert. In dieser Betriebsart hat die ETCS-Fahrzeugausrüstung auf dem ferngesteuerten Fahrzeug keine sicherheitsrelevanten Funktionen zu übernehmen. Allerdings läuft die Ortung in der ETCS-Fahrzeugausrüstung des ferngesteuerten Fahrzeugs mit. Empfangene Telegramme werden mitgehört, denn der aktuell hintere Führerstand eines ferngesteuerten Triebfahrzeugs könnte nach einem Fahrtrichtungswechsel die Sicherheitsverantwortung bekommen.
- *Non Leading (NL):* In dieser Betriebsart ist das Fahrzeug, das durch einen Triebfahrzeugführer bedient wird, „nicht zugführend". Dies ist beispielsweise der Fall im Schiebe-, Vorspann- oder Zwischendienst. Schiebelokomotiven kommen am Zugschluss zur Bewältigung großer Steigungen und/oder einer hohen Zugmasse zum Einsatz (Schiebedienst). Vorspannlokomotiven sind zusätzliche Triebfahrzeuge an der Spitze des Zuges, welche ebenfalls zur Erhöhung der Zugkraft eingesetzt werden. Hierbei ist das vordere Triebfahrzeug führend (Vorspanndienst). Zur Vermeidung von Lokomotivfahrten können die Triebfahrzeuge auch in einen regulären Zugverband eingestellt werden (Zwischendienst).
- *Passive Shunting (PS):* Betriebsart zur Durchführung von Rangierfahrten. Hierbei ist das Fahrzeug mit einem anderen Fahrzeug gekuppelt, welches die Führung übernimmt und ebenfalls zum Rangieren eingesetzt wird. Das führende Fahrzeug ist im Modus Shunting (SH).
- *National System (SN):* In dieser Betriebsart befindet sich das Fahrzeug unter der Überwachung eines nationalen Zugbeeinflussungssystems. Dieses übergibt die von ihm von der Streckenseite empfangenen Führungsgrößen an das ETCS-Fahrzeuggerät weiter, welches den Zugriff auf das Bremssystem hat.
- *Unfitted (UN):* In dieser Betriebsart verkehrt das Fahrzeug auf einer nicht mit ETCS ausgerüsteten Strecke. Das Fahrzeug wird in diesem Fall vom Triebfahrzeugführer nach Maßgabe der Außensignale geführt. In diesem Fall kann die ETCS-Fahrzeugausrüstung lediglich die Einhaltung der national zulässigen Höchstgeschwindigkeit für diese Betriebsart überwachen (Variable V_NVUNFIT). Das Fahrzeug erhält diese Parameter als Bestandteil der nationalen Werte.

4.3.3 Betriebsarten bei inaktivem ETCS-Fahrzeuggerät

Es können unterschiedliche Betriebsarten unterschieden werden, bei denen das Fahrzeuggerät vollständig inaktiv ist.

- *Isolation (IS):* Mit dem ETCS-Störschalter wird der ETCS-Fahrzeugrechner von den übrigen Systemen wie beispielsweise der Bremseinrichtung des Fahrzeugs vollständig abgetrennt. Der ETCS-Fahrzeugrechner wechselt in die Betriebsart „abgetrennt" (IS). In dieser Betriebsart erhält das ETCS-Fahrzeuggerät keine Informationen von der Streckeneinrichtung und die Fahrt des Fahrzeugs wird nicht überwacht. Der Triebfahrzeugführer hat die volle Verantwortung für die Durchführung der Zugfahrt. Diese Betriebsart kommt zum Einsatz bei Störungen des Fahrzeuggeräts, die zu einer dauerhaften Zwangsbremse führen würden.
- *No Power (NP):* In dieser Betriebsart ist die ETCS-Fahrzeugausrüstung spannungslos. Damit sind sämtliche Ein- und Ausgaben der ETCS-Fahrzeugeinrichtung unterbunden. In der Regel ist das Fahrzeug dabei ausgeschaltet.
- *System Failure (SF):* Betriebsart, in welche der ETCS-Fahrzeugrechner wechselt, nachdem ein sicherheitskritischer Fehler in der ETCS-Fahrzeugausrüstung festgestellt wurde. Ein Beispiel hierfür ist ein erkannter Ausfall der Eurobalisenantenne unter dem Fahrzeug. Das Fahrzeug wird sofort mit der Zwangsbremse bis zum Stillstand gebremst.
- *Stand By (SB):* Die Betiebsart „Stand By" (SB) ist der Grundzustand nach dem Einschalten des Fahrzeugs. Stillstandsüberwachung und Selbsttestfunktionen sind aktiv. Das ETCS-Fahrzeuggerät wartet auf Eingaben durch den Triebfahrzeugführer in Vorbereitung einer Zugfahrt oder eines Betriebsartenwechsels. Die Führerstände können in Standby auf- oder abgerüstet sein, wobei die Bedienung durch den Triebfahrzeugführer nur mit aufgerüsteten Führerstand möglich ist.

4.4 Beispielhafte Betriebsartenübergänge

Betriebliche und technische Voraussetzungen müssen für den Übergang von einer Betriebsart in eine andere erfüllt sein. Ein vollständiger Überblick über die Bedingungen für Betriebsartenübergänge ergibt sich aus der ETCS-Spezifikation (UNISIG Subset 26-4). Hierin ist eine umfassende Tabelle möglicher Betriebsartenübergänge („Transitionen") enthalten. Aus dieser Transitionstabelle können auch die jeweils erforderlichen Voraussetzungen für einen Betriebsartenübergang abgelesen werden. Betriebsartenübergänge werden nachfolgend exemplarisch anhand von zwei Beispielen beschrieben.

4.4.1   Betriebsartenübergänge zwischen den Betriebsarten SR und FS

Die in den ETCS-Spezifikationen (UNISIG Subset 26-4) aufgeführte Transitionstabelle ist so zu verstehen, dass die in den Feldern aufgeführten Bedingungen Voraussetzung für einen Wechsel der Betriebsarten sind (vgl. Abb. 4.7). Dies wird anhand des folgenden Beispiels eines Wechsels von der Betriebsart Staff Responible (SR) in die Betriebsart Full Supervision (FS) deutlich. Dieser Betriebsartenübergang wird zunächst für Ausrüstungsstufe 1 und nachfolgend für Ausrüstungsstufe 2 dargestellt.

Betriebsartenwechsel von SR nach FS in Ausrüstungsstufe 1:

- Ein Fahrzeug befindet sich in der ETCS Ausrüstungsstufe 1 in der Betriebsart SR in der Anfahrt auf ein Signal. Das Fahrzeug kann in dieser Betriebsart lediglich die Einhaltung der für diese Betriebsart gültigen Maximalgeschwindigkeit überwachen, weil keine weiteren Daten auf dem Fahrzeug vorliegen.
- Die Lineside Electonic Unit am Hauptsignal erkennt die Fahrtstellung des Signals, ermittelt das dazu passende Telegramm und speist dieses in die schaltbare Eurobalise.
- Das Fahrzeug überfährt mit seiner Empfangseinrichtung die Eurobalise und liest die Inhalte des Telegramms ohne Übertragungsfehler aus. Die übertragenen Informationen zur Länge der Fahrterlaubnis sowie die Streckeninformationen (Geschwindigkeits- und Gradientenprofil) werden vom Fahrzeug ausgewertet und in eine Überwachung der zulässigen Fahrweise des Zuges umgesetzt. Selbstverständlich ist eine weitere Voraussetzung für diesen Betriebsartenübergang, dass kein anderer Betriebsartenübergang (Zwangsbremse, bzw. Fahrt auf Ersatzsignal) von der Streckenseite kommandiert wird.

Betriebsartenwechsel von der Betriebsart Staff Responbible (SR) in die Betriebsart Full Supervision (FS) in Ausrüstungsstufe 2:

- Nach dem Neustart der ETCS-Fahrzeugausrüstung (oder einer Funkunterbrechung) innerhalb einer Level-2-Strecke fehlt der Funkstreckenzentrale die gesicherte Positionsmeldung des Zuges. Der Triebfahrzeugführer muss die Zugdaten erneut eingeben, sodass eine Funkverbindung zwischen dem Fahrzeug und der Funkstreckenzentrale aufgebaut werden kann. Das Fahrzeug befindet sich dann in der Betriebsart SR, da der Funkstreckenzentrale keine gesicherte Positionsmeldung des Zuges bekannt ist (Hellwig und Wander 2004).
- Wenn zwei Ortungsbalisen vom Zug überfahren wurden, kann die Funkstreckenzentrale auf der Grundlage der empfangenen Positionsmeldungen (Paket 0) eine Fahrterlaubnis für die vorausliegende Strecke für eine Weiterfahrt in „Vollüberwachung" ermitteln. Um auszuschließen, dass sich ein zweiter – der Funkstreckenzentrale unbekannter – Zug auf der Strecke befindet, ist es vorgesehen, dass der Zug bei Annäherung an das darauf folgende Fahrwegsegment vom Fahrer eine

Bestätigung anfordert, dass die vor ihm liegende Strecke bis zum Achszähler (Isolierung) frei ist. Dies wird auch als Track Ahead Free Request (TAF Request) bezeichnet (vgl. Abb. 4.6). Hierfür wird ein Bereich definiert, innerhalb dessen eine Quittung durch den Triebfahrzeugführer erfolgen soll (Variable D_TAFDISPLAY als Distanz bis zum Start des Bereichs und Variable L_TAFDISPLAY für die Länge des Bereichs).

- Wenn der Triebfahrzeugführer kein Hindernis zwischen dem Zug und dem Block-kennzeichen erkennt und dies quittiert, kann die Funkstreckenzentrale dem Fahrzeug eine gültige Fahrterlaubnis für eine Weiterfahrt in der Betriebsart „Vollüberwachung" übermitteln (Hellwig und Wander 2004).

Für den umgekehrten Fall eines Betriebsartenübergangs von der Betriebsart Full Supervision (FS) in die Betriebsart Staff Responsible (SR) gilt für eine Fahrt in Ausrüstungs-stufe 1 (vgl. Abb. 4.7):

- Das Fahrzeug befindet sich in der Betriebsart FS in der Anfahrt auf das Ende einer Fahrterlaubnis (bspw. ein Halt zeigendes Signal). Das Fahrzeuggerät führt eine Ziel-bremsung auf das Ende der Fahrterlaubnis aus.

Unterschreitet das Fahrzeug eine national festgelegte Geschwindigkeitsschwelle, kann sich der Fahrer durch ein „Override" aus der aktuell wirksamen Bremskurvenüberwachung befreien. Das Fahrzeuggerät wechselt in diesem Fall in die Betriebsart SR. Da keine weiteren Daten für die Überwachung der zulässigen Fahrweise auf dem Fahrzeug verfüg-bar sind, wird nur die in dieser Betriebsart zulässige Maximalgeschwindigkeit überwacht.

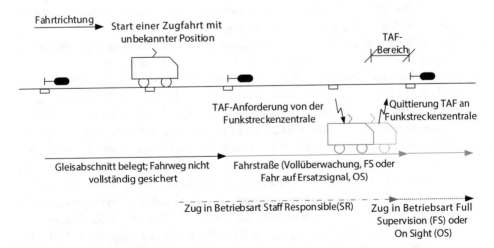

Abb. 4.6 Aufnahme in die Betriebsart Full Supervision (FS) in ETCS Ausrüstungsstufe 2 (Hellwig und Wander 2004)

...	...	...	...	...
...	**Full Supervision**	Empfang eines gültigen Fahrbefehls		Nächste Fahrsraße mit Full Supervision eingestellt
...	Wählen Vorbeifahrt Ende der Fahrterlaubnis an Führerstandsanzeige	**Staff Responsible**		Regelfall nach Post Trip
...	Überfahren Fahrterlaubnis	Fahrt über Balise „Stopp in Betriebsart SR"	**Trip**	
...			Bestätigung der Zwangsbremse an der Führerstands-anzeige	**Post Trip**

Abb. 4.7 Auszug aus der Transitionstabelle für die Betriebsartenübergänge

4.4.2   Einnahme und Verlassen der Betriebsart SH

Die Einnahme und das Verlassen der Betriebsart SH für die Durchführung von Rangier-fahrten wird anhand möglicher Realisierungen in ETCS Ausrüstungsstufe 2 beschrieben. Zunächst wird der Wechsel in die Betriebsart SH dargestellt. Der Wechsel in die Betriebsart SH in ETCS Ausrüstungsstufe 2 kann entweder durch den Fahrer oder durch die Streckeneinrichtung angestoßen werden (Koop 2014, 2016).

- *Anstoß des Betriebsartenwechsels durch den Fahrer:* Voraussetzung hierfür ist, dass sich das Fahrzeug im Stillstand befindet und der Fahrer über das ETCS-Fahrzeuggerät eine Rangieranfrage an die Funkstreckenzentrale sendet. Die Funkstreckenzentrale prüft die Rangieranfrage und erteilt die Freigabe oder eine Ablehnung entsprechend der Fahrzeugposition. Für die Positionsprüfung nutzt die Funkstreckenzentrale die bekannten freigegebenen Rangierbereiche, um den Wechsel zu erlauben.
- *Anstoß des Betriebsartenwechsels durch die Streckeneinrichtung:* Neben dem Wechsel aus dem Stillstand kann der Wechsel in die Betriebsart SH auch durch die Streckeneinrichtung angestoßen werden. Dies erfolgt, indem bei einer Fahrstraße in einen Rangierbereich eine Fahrterlaubnis (Movement Authority, MA) mit Profil-wechsel an den Zug gesendet wird. Innerhalb eines bestimmten Abstands zum Rangierbereich erhält der Triebfahrzeugführer eine Aufforderung zum Wechsel in die Betriebsart SH. Bleibt die Quittierung dieser Aufforderung aus, wird der Zug am Ende der Fahrterlaubnis (End of Authority – EoA) zum Stillstand gebracht. Mit der Freigabe durch die Funkstreckenzentrale erhält das Fahrzeug optional eine Liste von bis zu 15 Balisenkennungen, die die Rangiereinheit ohne Eingriff des Zugbeein-flussungssystems überfahren kann (Paket 49). Wenn keine Balisenliste übertragen

wird, können alle Kilometrierungsbalisen überfahren werden. Danach wechselt das Fahrzeug in den Betriebsmodus SH in Level 2 und meldet sich bei der Funkstreckenzentrale ab (Koop 2016).

Das Verlassen der Betriebsart SH in ETCS Ausrüstungsstufe 2 läuft wie folgt ab (Koop 2014, 2016):

- Für das Verlassen der Betriebsart SH muss sich das Fahrzeug im Stillstand befinden und der Fahrer muss den Wechsel in den ETCS-Grundzustand (Standby, SB) kommandieren. Danach erfolgt das Aufstarten für eine Fahrt mit Fahrbefehl in Full Supervision (FS) oder On Sight (OS) für die Führerstandssignalisierung.

4.5 Ende der Fahrterlaubnis und überwachter Gefahrenpunkt

Die Fahrterlaubnis wird im ETCS als Movement Authority (MA) bezeichnet. Das Ende einer Fahrterlaubnis (End of Authority) ist der Wegpunkt, bis zu welchem ein Zug die Zustimmung des Fahrdienstleiters zur Fahrt hat:

- Muss der Zug am Ende seiner Fahrterlaubnis bis zum Stillstand bremsen, spricht man vom Ende der Fahrterlaubnis (End of Authority, EoA).
- Muss der Zug am Ende seiner Fahrterlaubnis nicht bis zum Stillstand bremsen, spricht von der Einschränkung einer Fahrterlaubnis (Limit of Authority, LoA).

Um zu verhindern, dass der Zug den Bereich der Fahrterlaubnis verlässt, wird der Punkt, an dem die Fahrterlaubnis endet, überwacht. Die Überwachung bezieht sich auf die hintere Position der Balisenantenne („minimum positon of balise antenna"). Die Zwangsbremse löst aus, wenn mit der „minimum position of balise antenna" die „end of authority" passiert wurde und keine neuen Daten empfangen wurden.

Ein weiterer wichtiger Begriff im Zusammenhang mit dem Ende der Fahrterlaubnis ist der Gefahrpunkt (supervised location). Hierbei handelt es sich um die erste hinter dem Ende der Fahrterlaubnis folgende Stelle im Gleis, an der beim Durchrutschen eines Zuges über das Ende der Fahrterlaubnis hinaus eine Gefährdung eintreten kann. Beispiele für Gefahrpunkte sind:

- Der Anfang eines belegten Gleisabschnittes (wenn im festen Raumabstand gefahren wird).
- Die sicher erkannte Position des Zugendes eines vorausfahrenden Zuges (wenn im wandernden Raumabstand gefahren wird).
- Das Grenzzeichen einer Weiche, die für einen für die aktuelle Zugfahrt im Konflikt stehenden Fahrweg benötigt wird.

ETCS stellt sicher, dass die Spitze des Zuges (maximum front end) den Gefahrpunkt – unter Berücksichtigung aller Ortungsungenauigkeiten – nicht erreicht. In manchen Ländern werden hierfür gegebenenfalls Gleisabschnitte hinter dem Ende der Fahrterlaubnis freigehalten, solange eine Zugfahrt auf diesen Zielpunkt hin zugelassen ist (sogenannter Durchrutschweg). Die Zwangsbremse löst aus, wenn mit dem „maximum front end" die „supervised location" passiert wurde.

Streckeneinrichtungen übertragen die Fahrterlaubnis von der Streckeneinrichtung zum Zug. Bezüglich der Fahrterlaubnis gilt:

- *Anforderungen von Fahrterlaubnissen:* In ETCS Level 2 und ETCS Level 3 kann das Fahrzeuggerät eine neue Fahrterlaubnis anfordern, wenn es eine Annäherung an den Bremseinsatzpunkt feststellt.
- *Aktualisierung und Ausweitung von Fahrterlaubnissen:* Wird eine neue Fahrterlaubnis übertragen, werden die vorherigen Daten im ETCS-Fahrzeuggerät überschrieben.
- *Verkürzung von Fahrterlaubnissen:* In ETCS Level 2 und ETCS Level 3 kann eine Fahrterlaubnis im Zusammenspiel von Strecken- und Fahrzeugeinrichtung gekürzt werden.

4.6   Lokalisierung der Fahrzeuge

Üblicherweise werden zur Erfassung der von einem Fahrzeug zurückgelegten Strecke die Radumdrehungen erfasst und mit dem Radumfang multipliziert. Diese Art der Weg- und Geschwindigkeitsmessung ist jedoch wegen der physikalischen Eigenschaften des Rad-Schiene-Kontaktes ungenau.

- Eine Weg- und Geschwindigkeitsmessung auf Grundlage der Zählung von Achsumdrehungen ist vom eingestellten Raddurchmesser abhängig und daher mit einer gewissen Unsicherheit behaftet. Der Raddurchmesser muss aufgrund von Verschleiß oder Instandhaltungsaktivitäten (beispielsweise Abdrehen der Radsätze) regelmäßig neu im Fahrzeuggerät parametriert werden. Wird der Raddurchmesser nach dem Abdrehen eines Radsatzes nicht angepasst, ist die tatsächlich zurückgelegte Distanz systematisch geringer als die gemessene Distanz. Wird der Raddurchmesser beim Austausch eines Radsatzes, der das Grenzmaß seiner Abnutzung erreicht hat, nicht korrigiert, ist die tatsächlich zurückgelegte Distanz systematisch größer als die gemessene Distanz.
- Wirkt eine Zugkraft am Radumfang, so ergibt sich grundsätzlich eine als Schlupf bezeichnete Relativbewegung zwischen Rad- und Schienenoberfläche, deren Betrag von der wirkenden Kraft und der Geschwindigkeit abhängt. Ist die Radumfangsgeschwindigkeit größer als die Fahrgeschwindigkeit wird dies als Schleudern bezeichnet. Ist die Radumfangsgeschwindigkeit kleiner als die Fahrgeschwindigkeit, wird dies als Gleiten bezeichnet. Der Schlupf sorgt ebenfalls für eine gewisse

Unsicherheit der Weg- und Geschwindigkeitsmessung auf Grundlage der Zählung von Achsumdrehungen. Die Effekte von Schleudern und Gleiten sind in Abb. 4.8 dargestellt.

Um den aus einer alleinigen Weg- und Geschwindigkeitsmessung auf Grundlage der Zählungen von Achsumdrehungen resultierenden Nachteil einer ungenauen Ortung zu vermeiden und die in der ETCS-Spezifikation geforderte hohen Ortungsgenauigkeiten zu erreichen, verwenden die ETCS-Systemhersteller ergänzende Sensorsysteme.
Durch den Einsatz vom Rad-Schiene-Kontakt unabhängiger Sensoren zur Orts- und Geschwindigkeitsmessung wird die Ortungsgenauigkeit erhöht. Zusätzlich zu einer möglichst exakten Weg- und Geschwindigkeitsmessung ist eine korrekte Position des Fahrzeugs in der Infrastruktur erforderlich. Dies wird durch die Synchronisation der Weg- und Geschwindigkeitsmessung an Fixpunkten (Eurobalisen) erreicht. Dieser Abschnitt beschreibt die Grundsätze der Lokalisierung im ETCS mit den Grundsätzen des Koordinatensystems (Abschn. 4.6.1), der Verkettung von Balisenpositionen (Abschn. 4.6.2) sowie des Repositionings (Abschn. 4.6.3).

4.6.1   Koordinatensystem der Eurobalisen

Eine Balisengruppe besteht aus mindestens einer und bis zu 8 Eurobalisen. Zusätzliche Eurobalisen können notwendig werden, falls mehr Daten zum Zug übertragen werden müssen, als mit einer einzelnen Eurobalise möglich. Außerdem kann es aus Gründen einer höheren Verfügbarkeit vom Betreiber gewünscht sein, die Dateninhalte von Eurobalisen zu duplizieren. Duplizierte Dateninhalte werden zu Beginn eines Balisentelegramms mit der Variable M_DUP gekennzeichnet. Jede Balisengruppe hat

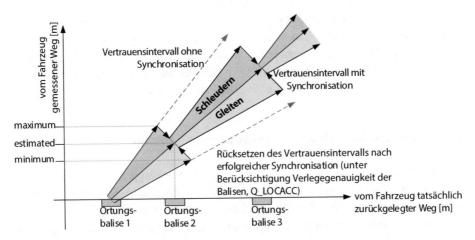

Abb. 4.8   Korrektur der Ortungsungenauigkeit durch Linking-Informationen

eine eindeutige Identität bestehend aus einer Länder- und Regionskennung (Variable NID_C) und einer Identitätsnummer der Balisengruppe (Variable NID_BG). Für jede Balisengruppe wird die Anzahl der in ihr enthaltenen Eurobalisen (Variable N_TOTAL) übertragen und die Position einer Eurobalise innerhalb einer Balisengruppe ist durch die Variable N_PIG (Positon in Group) gekennzeichnet. Anhand der in den Balisengruppen enthaltenen Daten können zwei wesentliche Funktionen realisiert werden:

- *Bereitstellung einer Referenzposition:* Der Referenzort einer Balisengruppe ist immer der Referenzort der Eurobalise mit dem Positionswert N_PIG = 0. Auf den Referenzort der Eurobalise beziehen sich zum Fahrweg gehörende Längen/Distanzen (beispielsweise die Länge der Fahrterlaubnis). Eurobalisen spielen für die Positionierung des Fahrzeugs eine große Rolle. In der Projektierung der streckenseitigen Datenpunkte muss daher sichergestellt werden, dass die Position einer Balisengruppe mit einer ausreichenden Genauigkeit bekannt ist. Eine entsprechende Ungenauigkeit des Referenzortes kann über die Variable Q_LOCACC von der Strecke zum Fahrzeug übertragen werden. In den Positionsmeldungen an die Funkstreckenzentrale bezieht sich das Fahrzeug auf die letzte relevante Balisengruppe und teilt der Funkstreckenzentrale die seitdem zurückgelegte Strecke mit. Hierüber kann die Funkstreckenzentrale durch das gemeinsame verwendete Koordinatensystem das Fahrzeug eindeutig in ihrem Prozessabbild verorten.
- *Ableitung einer Fahrtrichtungsinformation:* Eine aus mindestens zwei Balisen bestehende Balisengruppe hat eine innere, ablesbare Orientierung. Sie wird bei der Projektierung der ETCS-Streckenausrüstung vorgegeben. Eine Balisengruppe wird (per Definition) in nominaler Richtung befahren, wenn die Header der verschiedenen Balisentelegramme die Folge N_PIG = 0,1,... liefern. Sie wird in reverser Richtung befahren, wenn die Header der verschiedenen Balisentelegramme die Folge N_PIG = ..., 1,0 liefern. In den jeweiligen Datenpaketen der Balise ist angegeben, für welche Richtung sie gelten (Variable Q_DIR). So wird es beispielsweise möglich, Gradientenprofile für beide Fahrtrichtungen zu übertragen. Da das Fahrzeug beide Gradientenprofile erhält, wählt es sich das für seine jeweilige Fahrtrichtung gültige Gradientenprofil aus und verwendet dieses bei der Bremskurvenüberwachung. Wechselt das Fahrzeug die Fahrtrichtung, wendet es die für die andere Fahrtrichtung gültigen Informationen zur Überwachung der Fahrzeugbewegung an.

4.6.2 Logische Verkettung von Eurobalisen (Linking)

Linking (Verkettung) ist das Ankündigen von Balisengruppen durch die Angabe des inkrementellen Abstandes zwischen Balisengruppen (Paket 5, Linking). Erfolgreiches Linking setzt voraus, dass die angekündigte Eurobalise innerhalb des Abstands-Erwartungsfensters vom Fahrzeug überfahren und ausgelesen wurde. Wird die angekündigte Eurobalise vor oder nach dem Abstands-Erwartungsfenster empfangen,

wird sie nicht ausgewertet und die projektierte Linkreaktion (Zwangsbremsung) ausgelöst. Die Verkettung von Balisengruppen durch das Linking ist in Abb. 4.9 beispielhaft
dargestellt.

Das Linking wird für drei Zwecke benötigt:

- *Fehleroffenbarung:* Eine Balisen(gruppe) verweist mit Zielentfernung und einem ein-
  deutigem Identifikator auf benachbarte Balisen(gruppen). Überfährt der Zug in einem
  Toleranzbereich um die Zielentfernung die angekündigten Balisen(gruppen) nicht,
  ergreift das ETCS-Fahrzeuggerät eine sicherheitsgerichtete Reaktion.
- *Korrektur des Ortungsfehlers:* Durch physikalische Effekte des Rad-Schiene-
  Kontakts ist die Weg- und Geschwindigkeitsmessung der Fahrzeuge in Abhängigkeit
  der zurückgelegten Strecke mit einer zunehmenden Unsicherheit behaftet (Schleudern
  und Gleiten). Regelmäßige Überfahrten von Balisen(gruppen) geben dem Fahrzeug Fixpunkte, anhand derer das Vertrauensintervall um die wahre Position des
  Zuges korrigiert werden kann (vgl. Abb. 4.8). Der Ortungsfehler wird bei der Überfahrung einer Eurobalise jedoch nicht vollständig auf Null reduziert. Dies liegt unter
  anderem an der Verlegegenauigkeit der Eurobalise (angegeben durch die Variable Q_
  LOCACC). Darüber hinaus kommt es zu einer weiteren Ungenauigkeit durch die Tat-
  sache, dass durch den pyramidenförmigen Ausbreitungskegel der Balisenenantenne
  schon ein Telegramm vom Fahrzeug empfangen werden kann, bevor sich das Fahrzeug senkrecht über der Eurobalise befindet.
- *Zuordnung einer Fahrtrichtung zu einer Einzelbalise:* Dies dient der korrekten Auswahl fahrtrichtungsabhängiger Informationen.

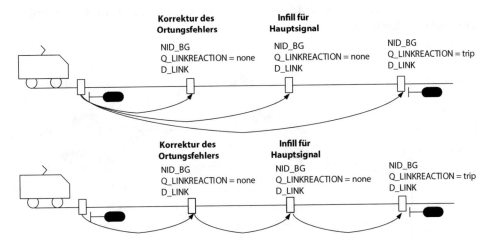

Abb. 4.9 Logische Verkettung von Eurobalisen (Linking)

4.6.3 Vereindeutigen der Fahrzeugposition (Repositioning)

Wenn ein Zug in einen Bahnhof einfährt, kann anhand des Signalbegriffs nicht immer eindeutig festgelegt werden, in welches Bahnhofsgleis der Zug einfährt. Da jede der vom Einfahrsignal möglichen Einfahrstraßen jeweils eigene Geschwindigkeitsvorgaben hat, kann am Einfahrsignal nur der restriktivste Fahrbefehl und die restriktivste Streckeninformation (Geschwindigkeitsprofil) übertragen werden. In solchen Lageplanfällen wird das sogenannte Repositioning angewendet. Der am Einfahrsignal empfangene Fahrbefehl wird erneuert, wenn der Zug eine eindeutig bestimmte Position im Bahnhof erreicht hat (vgl. Abb. 4.10).

Am Startsignal (A) sendet die am Hauptsignal verlegte Balisengruppe die folgenden Informationen:

- Statt der konkreten Identifikationsnummer einer verlinkten Balisengruppe wird die folgende verlinkte Balisengruppe als „unbekannt" deklariert und darauf verwiesen, dass diese Repositioning-Informationen enthalten wird.
- Im Linking-Paket wird eine Linking-Distanz zwischen der Balisengruppe A und der Balisengruppe (B1 bis B3) mit dem größten Abstand, bei der das Repositioning durchgeführt wird, übertragen. Im dargestellten Beispiel ist dies die Balisengruppe B1 im Gleis 1.
- Ein Fahrbefehl zum Zielsignal (C1 bis C3) mit der kürzesten Strecke und den restriktivsten Werten für die möglichen Gleise (Länge, Schutzstrecken). Im dargestellten Beispiel ist dies das Zielsignal C2.
- Die restriktivsten Werte der statischen Geschwindigkeitsprofile und der Gradientenprofile als restriktivste Werte zum nächstgelegenen Zielsignal (im dargestellten Beispiel C2).

Beim Überfahren der Repositioning-Eurobalisen werden beispielsweise die folgenden Informationen übertragen:

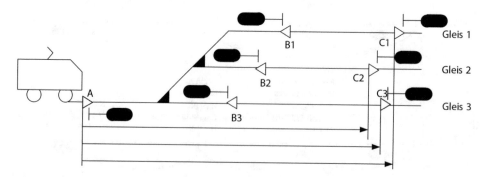

Abb. 4.10 Vereindeutigung der Fahrzeugposition durch das Prinzip des Repositionings

- Die (neue) Länge des Fahrbefehls zum Zielsignal (von B1 nach C1, von B2 nach C2, von B3 nach C3).
- Die neue Linking-Information zum Zielsignal (C1 bis C3).
- Die neuen Gradientenprofile und statischen Geschwindigkeitsprofile zum Zielsignal (C1 bis C3).

4.7 Geschwindigkeitsüberwachung und Bremskurven

Die Informationen von der Streckenseite geben die maximal zulässige Geschwindigkeit sowie die Distanz zu einer Geschwindigkeitseinschränkung oder des Endes einer Fahrterlaubnis vor. Auf Grundlage der Vorgaben der ETCS-Streckeneinrichtungen ermittelt das ETCS-Fahrzeuggerät die Vorgaben für die Geschwindigkeitsüberwachung. Dieser Abschnitt erörtert die Grundlagen der Geschwindigkeitsüberwachung und der Bremskurven im ETCS.

4.7.1 Übertragung des statischen Geschwindigkeitsprofils

Das ETCS überträgt statische Geschwindigkeitseinschränkungen von der Strecke auf das Fahrzeug. Die zulässige Geschwindigkeit entlang der Strecke ist abhängig von der Infrastruktur und der Signalisierung. Ein Beispiel eines statischen Geschwindigkeitsprofils ist in Abb. 4.11 dargestellt. Das dargestellte Stück Strecke besteht aus 3 Segmenten. Jedes dieser drei Segmente ist mit seiner zulässigen Geschwindigkeit (für die Angabe im Paket 27 durch 5 dividiert) und der Länge des Abschnittes angegeben. Für die Abschnittsgrenzen sind die Streckenkilometrierungen informativ angegeben. Abb. 4.11 zeigt, wie aus den Angaben der Streckentopologie im Rahmen der Projektierung die Inhalte des Pakets 27 (statisches Geschwindigkeitsprofil) generiert werden. Über den Parameter Q_DIR wird angegeben, für welche Richtung (nominal oder reverse) die nachfolgend übermittelten Daten des statischen Geschwindigkeitsprofils gültig sind. Im vorliegenden Beispiels sind die Daten für die Fahrtrichtung „nominal" gültig. Der erste Stützpunkt des statischen Geschwindigkeitsprofils bekommt den laufenden Index 0. Da das statische Geschwindigkeitsprofil unmittelbar bei der ersten Balisengruppe beginnt, ist die Strecke zwischen Eurobalise und dem Start des Geschwindigkeitsprofils null (Variable D_STATIC(0)). Ab diesem Punkt ist eine Geschwindigkeit von 160 km/h zulässig (Der Geschwindigkeitswert wurde gemäß Vorgabe mit 5 dividiert; Variable V_STATIC(0)). Bei Geschwindigkeitsprofilen ist darüber hinaus eine Angabe darüber erforderlich, ob die Zuglänge bei der Überwachung der Geschwindigkeit auf dem Fahrzeug mit zu berücksichtigen ist (Variable Q_FRONT(0)). Dies ist dann der Fall, wenn ein Wechsel von einer geringeren Geschwindigkeit zu einer höheren Geschwindigkeit vorliegt. Im vorliegenden Beispiel ist die für das erste Segment des statischen Geschwindigkeitsprofils nicht der Fall, da sich ein Abschnitt mit einer geringeren

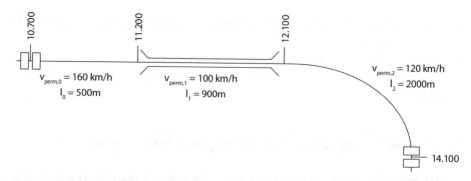

Variable	Wert	Beschreibung
NID_PACKET	27	Packet ID
Q_DIR	1	Paket gilt für Fahrtrichtung „nominal"
L_PACKET	153	Länge des Pakets
Q_SCALE	1	alle Längenangaben in [m]
D_STATIC(0)	0	Abstand zwischen Balisengruppe und Beginn des 1. Abschnitts
V_STATIC(0)	32	zulässige Geschwindigkeit / 5 ($v_{perm,0}$)
Q_FRONT(0)	1	Zuglänge muss nicht mit berücksichtigt werden
N_ITER(0)	0	keine verschiedenen Werte für unterschiedliche Zugarten
N_ITER	3	insgesamt drei Segmente des statischen Geschwindigkeitsprofils
D_STATIC(1)	500	Abstand zwischen Balisengruppe und Beginn des 2. Abschnitts
V_STATIC(1)	20	zulässige Geschwindigkeit / 5 ($v_{perm,1}$)
Q_FRONT(1)	0	Zuglänge muss bei Beschleunigung mit berücksichtigt werden
N_ITER(1)	0	keine verschiedenen Werte für unterschiedliche Zugarten
D_STATIC(2)	900	Abstand zwischen Start 2. Abschnitt und Start 3. Abschnitt
V_STATIC(2)	24	Zulässige Geschwindigkeit / 5 ($v_{perm,2}$)
Q_FRONT(2)	0	Zuglänge muss bei Beschleunigung mit berücksichtigt werden
N_ITER(2)	0	keine verschiedenen Werte für unterschiedliche Zugarten
D_STATIC(3)	2000	Abstand zwischen Start 3. Abschnitt und Ende des Profils
V_STATIC(3)	127	Spezieller Wert: „Profil endet hier"
Q_FRONT(3)	1	Nicht relevant
N_ITER(3)	1	Nicht relevant

Abb. 4.11 Übertragung des statischen Geschwindigkeitsprofils

Geschwindigkeit anschließt (Variable Q_FRONT(0) = 1). Der zweite Stützpunkt des statischen Geschwindigkeitsprofils liegt 500 m hinter der ersten Balisengruppe (Variable D_STATIC = 500). Ab diesem Punkt gilt eine Geschwindigkeit von 100 km/h (Variable V_STATIC = 20 durch Division mit 5). Da im anschließenden dritten Abschnitt die Geschwindigkeit von 100 km/h auf 120 km/h erhöht wird, ist bei diesem Geschwindigkeitswechsel die Zuglänge bei der Beschleunigung mit zu berücksichtigen (Variable Q_FRONT(1) = 0). Das gesamte Paket 27 endet mit einer definierten Ende-Information.

Die Darstellung verdeutlicht, dass die Angaben im Paket 27 in zwei Ebenen geschachtelt werden können. Die erste Schachtelung segmentiert die Strecke in die einzelnen Stufen des Geschwindigkeitsprofils. Für jedes dieser Segmente können Geschwindigkeitsangaben für verschiedene Zuggattungen (bspw. Züge mit Neigetechnik) angegeben werden. Hiervon ist im dargestellten Beispiel jedoch in der Projektierung nicht Gebrauch gemacht worden (Variable N_ITER(x) = 0).

4.7.2   Ermittlung des restriktivsten statischen Geschwindigkeitsprofils

Für die Überwachung der zulässigen Geschwindigkeit ist von mehreren Vorgaben die restriktivste auszuwählen. Für die Ermittlung des maßgeblichen restriktivsten statischen Geschwindigkeitsprofils müssen mehrere Geschwindigkeitsvorgaben übereinandergelegt werden (vgl. hierzu Abb. 4.12).

- Statische Geschwindigkeitsprofile der Strecke ergeben sich aus den Randbedingungen der Infrastruktur. Hierbei werden bestehende Geschwindigkeitseinschränkungen aus der Trassierung betrachtet. Beispiele hierfür sind zu berücksichtigende reduzierte Geschwindigkeiten in Weichen- und Bogenradien, oder möglicherweise Geschwindigkeitseinschränkungen auf Brücken und in Tunneln.
- Weitere Einschränkungen beispielsweise durch Achslasten (Axle load speed profile).
- Vorübergehende Langsamfahrstellen (temporary speed restrictions, TSR) durch Baustellen oder baulichen Einschränkungen.
- Die Zughöchstgeschwindigkeit (Vmax), welche bei der Dateneingabe durch den Triebfahrzeugführer dem ETCS-Fahrzeugrechner mitgeteilt wird.

Das Fahrzeug führt kontinuierlich eine Überwachung der zulässigen Geschwindigkeit („ceiling speed monitoring") durch. Die Vorgaben für die Geschwindigkeitsüberwachung ergeben sich aus dem restriktivsten statischen Geschwindigkeitsprofil und dem Ende der Fahrterlaubnis (End of Authority, EoA).

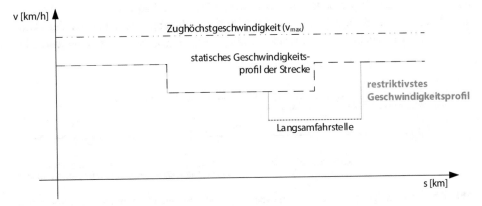

Abb. 4.12   Ermittlung des restriktivsten Geschwindigkeitsprofils

4.7.3　Behandlung von vorübergehenden Langsamfahrstellen

Auf den Strecken der verschiedenen Infrastrukturbetreiber gibt es aufgrund von Baustellen oder anderen Randbedingungen notwendige Geschwindigkeitseinschränkungen, die als Langsamfahrstellen zu berücksichtigen sind. ETCS muss diese Geschwindigkeitseinschränkungen erfassen, bei der Bremskurvenberechnung mit einbeziehen und dem Triebfahrzeugführer auch richtig signalisieren. Hierzu muss das Fahrzeug unter anderem Kenntnis von Ort, Ausdehnung der gegebenenfalls vorhandenen Langsamfahrstellen und der dort zulässigen Höchstgeschwindigkeit haben. Die Behandlung von Langsamfahrstellen ist nachfolgend exemplarisch für ETCS Level 1 dargestellt. Im Bremswegabstand vor der Langsamfahrstelle wird eine mit den Eigenschaften der einzurichtenden Langsamfahrstelle codierte Balisengruppe montiert. Die Ankündigung der Langsamfahrstelle (Paket 65) enthält eine eindeutige Identifikationsnummer der betreffenden Langsamfahrstelle (NID_TSR), die Distanz zwischen der Balisengruppe und dem Beginn der Langsamfahsrtelle (D_TSR), die räumliche Ausdehnung der Langsamfahrstelle (L_TSR) sowie die zulässige Geschwindigkeit der Langsamfahrstelle (V_TSR). Des Weiteren wird Paket 141 mit Defaultwerten für Gradienten mit übermittelt. Das Sicherheitsziel des sicheren Lesens und Befahrens der Langsamfahrstelle beim „Nichtlesen" von Balisengruppen wird dadurch erreicht, dass zwei Balisengruppen vor der Langsamfahrstelle verlegt werden (Finken, Hamblock und Klöters 2019). Fällt eine Balisengruppe aus, so ist immer noch die andere Balisengruppe lesbar (Sitz und Naguschewski 2006). Nach Überfahren der Langsamfahrstelle wird eine weitere Balisengruppe montiert. In ihr ist ein Paket zum Rücknehmen der Langsamfahrstelle (Paket 66) hinterlegt. Hier wird die eindeutig über die Variable NID_TSR referenzierte Langsamfahrstelle zurückgenommen (Abb. 4.13).

4.7.4　Gradientenprofil

Für die Anpassung insbesondere des Bremsvermögens des Fahrzeugs müssen Angaben über Neigungen und Gefälle von der Strecke zum Fahrzeug übertragen werden. Hierfür ist das Datenpaket 21 (Gradient Profile) vorgesehen. Steigungen werden hier-

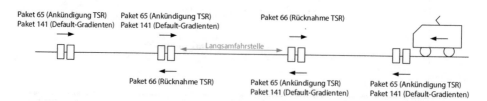

Abb. 4.13　Ankündigung und Rücknahme von Langsamfahrstellen (Temporary Speed Restriction, TSR) in ETCS Level 1

bei mit einem positiven Vorzeichen gekennzeichnet. Gefälle wird mit einem negativen Vorzeichen gekennzeichnet. Im Zuge der Projektierung wird die Strecke in einzelne Segmente aufgeteilt, denen ein Wert des Gradientenprofils zugeordnet wird. Dieser wird für die Geschwindigkeitsüberwachung des Zuges berücksichtigt. Im Falle einer zusätzlichen Beschleunigung des Zuges durch das Gefälle wird das Bremsvermögen des Zuges entsprechend angepasst.

4.7.5 Ermittlung des dynamischen Geschwindigkeitsprofils (Bremskurven)

Des Weiteren werden bei der Berechnung der Bremskurven Bremsmodelle berücksichtigt, die beispielsweise die Abhängigkeit der erreichbaren Bremsverzögerung zur Geschwindigkeit des Zuges berücksichtigen sowie den Zeitversatz zwischen der Auslösung des Bremsbefehls und dem Erreichen der geforderten Bremsleistung beschreiben.

Es gibt verschiedene Eskalationsstufen der Geschwindigkeitsüberwachung (vgl. Abb. 4.14):

- Die *Emergency Brake Deceleration Curve (EBD)* ist definiert durch eine Schnellbremsung mit garantierter, d. h. sicherer Verzögerung (Eichenberger 2007). Die EBD muss sicher sein und darf in keinem Fall überfahren werden. Für die Berechnung von sicheren Verzögerung dürfen somit nur die sicheren Bremssysteme berücksichtigt werden. Der Fußpunkt der EBD liegt immer an der Supervised Location (SvL).
- *Emergency Brake Intervention Curve (EBI):* Die Emergency Brake Intervention Curve (EBI) ist um die äquivalente Bremsaufbauzeit der EBD vorgelagert. Bei Überschreitung dieses Geschwindigkeitslimits wird das Ziel verfolgt, die Fahrtbewegung des Zuges mit kürzest möglichem Bremsweg zu beenden (Schnellbremsung). Dies setzt die Inanspruchnahme der physikalischen Grenzen der Bremskraft voraus (bedingt durch die Rad-Schiene-Kraftschlussgrenze oder das Bremssystem). Die Schnellbremsung ist damit ein mit stochastischen Elementen ver-

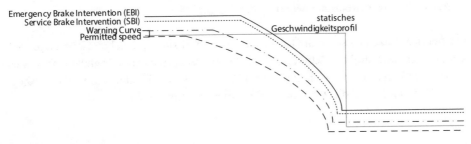

Abb. 4.14 Geschwindigkeitslimits des ETCS in der Annäherung an ein Limit of Authority (Zielgeschwindigkeit > 0 km/h)

sehener physikalischer Vorgang und der Bremsweg wird zur stochastischen Größe (Gralla 1999). Die Rücknahme der Zwangsbremsung wird national unterschiedlich gehandhabt. Entweder wird der Zug über einen Zwangsbremseingriff in den Stillstand gebremst. Alternativ wird die Zwangsbremse nach Unterschreiten der erlaubten Geschwindigkeit zurückgenommen (vgl. Abb. 4.14).

- Die *Service Brake Deceleration Curve (SBD)* ist definiert durch eine Vollbremsung. Die SBD muss nicht sicher sein. Für die Berechnung der Verzögerung dürfen somit auch nicht sichere Bremsen berücksichtigt werden, was dazu führt, dass die Verzögerung der SBD größer als die (garantierte) Verzögerung der EBD sein kann. Die Anwendung der SBD ist optional. Der Fußpunkt der SBD liegt beim End of Authority (EoA).

- Die *Service Brake Intervention Curve (SBI)*: Die Service Brake Intervention Curve (SBI) ist um die äquivalente Bremsaufbauzeit der SBD vorgelagert (Eichenberger 2007). Mit dieser Bremsung wird das Ziel verfolgt, den Zug entweder an einem gegebenen Streckenpunkt planmäßig zum Stehen zu bringen (sogenannte Wegzielbremsung) oder dessen Geschwindigkeit am gegebenen Streckenpunkt planmäßig auf einen zulässigen Wert zu reduzieren (Gralla 1999). Die Bremsung wird zurückgenommen, wenn die tatsächliche Geschwindigkeit des Zuges die erlaubte Geschwindigkeit unterschreitet (vgl. Abb. 4.14).

- *Warning Curve (W)*: Überschreitet das Fahrzeug den Geschwindigkeitswert der Warnkurve, wird ein akustisches Warnsignal ausgelöst, sodass der Fahrer eingreifen und so einen automatischen Bremseingriff vermeiden kann. Die Warnung bleibt so lange aktiv, bis die Geschwindigkeit des Fahrzeugs diesen Wert wieder unterschreitet (vgl. Abb. 4.14).

- *Permitted Speed Curve (P)*: Die Sollgeschwindigkeitskurve bezeichnet die Geschwindigkeit, die der Fahrer fahren darf. Dies ist die Geschwindigkeit, die dem Fahrer auf der Führerstandsanzeige angezeigt wird.

- *Indication Curve (I)*: Die Ankündigungskurve gibt dem Triebfahrzeuführer den Zeitpunkt zum Abschalten der Zugkraft und Einleiten der Bremsung an, um anschliessend der Sollgeschwindigkeitskurve (Permitted Speed Curve, P) zu folgen (Eichenberger 2007).

- Der *Indication Point (IP)* informiert den Triebfahrzeugführer, dass er sich dem Ort zur Auslösung einer Bremsung nähert (Eichenberger 2007).

Die Service Brake und somit die Kurven SBD und SBI sind optional und können je nach Vorgabe des Infrastruktur-Betreibers oder des Fahrzeug-Besitzers wegfallen. Bei Weglassen der SB verschieben sich die Kurven W, P und I zur EBI hin, womit sich die Zugfolgezeit reduziert und die Kapazität erhöht (Eichenberger 2007).

Literatur

Dräger U (2004) ETCS und der Übergang zu den nationalen Zugsicherungssystemen der DB AG. Signal + Draht 96(11):6–15

Eichenberger P (2007) Kapazitätssteigerung durch ETCS . Signal + Draht 3(99):6–14

Finken K, Hamblock T, Klöters G (2009) ZSB 2000 auf dem Weg zu ETCS. SIGNAL + DRAHT (111)10/2019:32–37

Fuß W, Wander D, Sonderegger P, Leopold L (2019) Eisenbahnsicherungstechnik in Schweizer Tunneln. Signal + Draht 111(12):44–50

Gralla D (1999) Eisenbahnbremstechnik. Werner, Düsseldorf

Hellwig C, Wander D (2004) Full speed through the mountain – ETCS Level 2 in the Lötschberg Base Tunnel. Signal + Draht 96:34–37

Koop K (2014) Rangieren unter ETCS L2. Signal + Draht 106(5):18–20

Koop K (2016) Rangieren in ETCS-Level-2-Bereichen. EI-Eisenbahningenieur 01:34–37

Schläppi B (2007) Zusammenspiel der Leittechnik auf der Lötschberg-Basislinie. Signal + Draht 99(10):22–27

Sitz R, Naguschewski A (2006) Behandeln von temporären Langsamfahrstellen in ETCS-Level-1-Betrieb. Signal + Draht 98(4):12–14

UNISIG: SUBSET-026-4. System Requirements Specification Chapter 4 Modes and Transitions. Version 3.6.0 vom 13.05.2016

UNISIG: SUBSET-026-7. System Requirements Specification Chapter 7 ERTMS/ETCS language. Version 3.6.0 vom 13.05.2016

UNISIG: SUBSET-026-8. System Requirements Specification Chapter 8 Messages. Version 3.6.0 vom 13.05.2016

UNISIG Subset 35, Issue 3.2.0: Specific Transmission Module FFFIS. Datum: 16.12.2015

Weigand W (2007) ETCS – betriebliche Vorteile der unterschiedlichen Funktionsstufen und Betriebsarten. Eisenbahntechnische Rundschau 56(11):676–681

Umsetzung des European Train Control Systems

5

Seit seiner Einführung hat sich das European Train Control System (ETCS) langsam in Europa etabliert. In Deutschland sind erste Strecken mit ETCS ausgerüstet. Auch weltweit beginnt ETCS, sich immer mehr durchzusetzen. Auf der Grundlage mehrjähriger Erfahrungen – auch in internationalen Projekten – fließen neue Anforderungen in die kontinuierliche Weiterentwicklung des ETCS sein. Dieses Kapitel richtet den Blick auf den weiteren Verlauf der Ausrüstung von Strecken und Fahrzeugen mit ETCS in Deutschland, Europa und weltweit.

5.1 Umsetzung von ETCS in Deutschland

Dieser Abschnitt stellt dar, auf welche Streckenabschnitte in Deutschland sich der Rollout von ETCS in den nächsten Jahren konzentrieren wird. Darüber hinaus wird die nationale Ausprägung von ETCS Level 1 Limited Supervision für Deutschland erläutert. Die nationale Ausprägung von ETCS Level 1 Limited Supervison wird als „ETCS signalgeführt" (ESG) bezeichnet und stellt einen technischen Eckpfeiler der Systemmigration in Deutschland dar.

5.1.1 Ausrüstungsprojekte in Deutschland

Es wird noch eine Weile dauern, bis es in Deutschland zu einer flächendeckenden Ausrüstung mit ETCS kommt. Bis auf einzelne Hochgeschwindigkeitsstrecken orientiert sich die Ausrüstung hierbei an den Korridoren der Transeuropäischen Transportnetze (TEN-T). Nach heutiger Planung wird in Deutschland das bestehende System der Linienförmigen Zugbeeinflussung (LZB) mit einer installierten Basis von ca. 2500 km bis zum Jahr 2030 schrittweise durch ETCS Level 2 ersetzt. Bis zum Jahr 2050 muss

© Springer-Verlag GmbH Deutschland, ein Teil von Springer Nature 2022
L. Schnieder, *European Train Control System (ETCS)*,
https://doi.org/10.1007/978-3-662-66055-3_5

entsprechend EU-Verordnung das gesamte TEN-T-Netz in Deutschland (ca. 16.000 km
von insgesamt 30.000 km) mit ETCS ausgerüstet sein. In den nächsten Jahren sehen die
konkreten Umsetzungsschritte wie folgt aus:

- *Korridor Nordsee-Ostsee (North Sea-Baltic):* Dies betrifft in Deutschland die
  Anbindung der europäischer Seehäfen ab der polnischen Grenze. Der Seehafen
  Hamburg wird über die Strecke Frankfurt (Oder) – Berlin – Hamburg angebunden.
  Über die Fortführung des Korridors von Berlin nach Hannover können weitere See-
  häfen angebunden werden. Der Seehafen Rotterdam wird über die Strecke Hannover
  – Osnabrück – Hengelo angebunden. Der Seehafen Antwerpen wird über die Strecke
  Hannover – Köln – Antwerpen angebunden. Bis zum Jahr 2023 ist hier die Fertig-
  stellung des Streckenabschnitts zwischen Frankfurt (Oder) und Berlin vorgesehen
  (BMVI 2017).
- *Korridor Rhein-Alpen (Rhine-Alpine):* Dies betrifft in Deutschland die Anbindung
  Duisburg – Düsseldorf – Köln – Koblenz – Mainz – Mannheim – Karlsruhe – Basel.
  Die vollständige Fertigstellung dieser Strecken ist bis zum Jahr 2023 vorgesehen
  (BMVI 2017).
- *Korridor Skandinavien-Mittelmeer (Scandinavian – Mediterranean):* Dies betrifft
  in Deutschland vom Grenzübergang zu Österreich in Passau die Anbindungen nach
  Skandinavien über München – Nürnberg – Hannover – Hamburg bis nach Flensburg.
  Von Hamburg ausgehend wird auch die zukünftig geplante feste Querung des Feh-
  marnbelts mit angebunden. Ebenso erfolgt über Leipzig und Berlin die Anbindung
  des Seehafens in Rostock. Bis zum Jahr 2023 ist die Fertigstellung der Strecke Berlin
  – Rostock sowie der Grenzanschlussstrecken im Süden und Norden des Korridors
  vorgesehen (BMVI 2017).
- *Korridor Rhein-Donau (Rhine – Danube):* Dies betrifft in Deutschland die Verbindung von der Grenze zu Frankreich bei Straßburg über Mannheim – Frankfurt –
  Würzburg bis zum Grenzübergang nach Österreich bei Passau. Auch eine Anbindung
  in die tschechische Republik nach Prag ist vorgesehen. Eine alternative Strecken-
  führung sieht die Verbindung von Straßburg über Stuttgart und München nach Passau
  vor. Bis zum Jahr 2023 ist die Fertigstellung der Grenzanschlussstrecken nach Öster-
  reich und in die Tschechische Republik vorgesehen (BMVI 2017).
- Der *Korridor Orient/Östliches Mittelmeer (Orient/East-Med)* verbindet die deutschen
  Häfen Bremen, Hamburg und Rostock mit der Tschechischen Republik und der
  Slowakei – mit einer Abzweigung durch Österreich – und verläuft weiter über
  Ungarn bis zum rumänischen Hafen Constanta und zum bulgarischen Hafen Burgas
  – mit einer Verbindung in die Türkei – und den griechischen Häfen Thessaloniki und
  Piräus. In Deutschland verläuft der Korridor auf der Schiene über mehrere Äste von
  Bremen über Hannover und Leipzig nach Dresden bis zur tschechischen Grenze. Ein
  zweiter Streckenast verläuft von Hamburg/Rostock über Berlin nach Dresden.
- *Anbindung Korridor Atlantik (Atlantic):* Dies betrifft in Deutschland die Verbindung
  von Mannheim nach Straßburg. Von Straßburg ausgehend werden über Paris die

Häfen an der französischen Atlantikküste (Le Havre und Bordeaux) sowie die Städte an der Atlantikküste auf der iberischen Halbinsel (Bilbao, Porto, Lissabon) angebunden. Die Herstellung der Anbindung an diesen Korridor ist bis zum Jahr 2023 vorgesehen (BMVI 2017).

- *Ausbaustrecke Erfurt – Eisenach:* Im Zusammenhang mit dem „Verkehrsprojekt Deutsche Einheit 8" (VDE 8) wird die Anschlussstrecke zwischen Erfurt und Eisenach ausgebaut und für Geschwindigkeiten bis 200 km/h ausgerüstet. Der Ausbau mit ETCS Level 2 ist bis zum Jahr 2023 vorgesehen (BMVI 2017).

5.1.2 Nationale Ausprägung von ETCS L1 LS („ETCS signalgeführt")

Mit der Einführung von ETCS in Deutschland stellt sich die Frage nach den einzuführenden Leveln. ETCS Level 2 ist dort erforderlich, wo Geschwindigkeiten über 160 km/h gefahren werden sollen oder der Hochleistungsblock genutzt werden soll. Andernfalls ist gemäß Eisenbahn- Bau- und Betriebsordnung (EBO) keine Anzeigeführung erforderlich. Beim Erarbeiten einer Migrationsstrategie wurde ETCS Level 1 lange Zeit nicht betrachtet, weil der Aufwand bei der Einführung von ETCS Level 1 in der Betriebsart Full Supervision deutlich höher als bei ETCS Level 2 ist. Allerdings ist der betriebliche Nutzen wegen der punktförmigen Datenübertragung signifikant geringer (Neuberg 2014). Die mit Baseline 3 für ETCS Level 1 zur Verfügung gestellte Möglichkeit der Betriebsart Limited Supervision bietet hierfür den Ansatzpunkt einer Systemmigration und ist daher – neben ETCS Level 2 für den Hochgeschwindigkeitsverkehr – die zweite Säule der ETCS-Einführungsstrategie in Deutschland (Hohn 2017). Der wirtschaftliche Vorteil von ETCS signalgeführt (ESG) besteht darin, dass nur die Informationen des bisherigen Zugbeeinflussungssystems der Punktförmigen Zugbeeinflussung (PZB) ausgewertet werden und deshalb keine Stellwerksanpassung erforderlich ist. Damit ist ESG unabhängig von der Stellwerkstechnik und damit auch mit allen Signalsystemen anwendbar.

Die Vorteile von ESG lassen sich wie folgt zusammenfassen:

- Aufgrund der nicht notwendigen Stellwerksanpassung ist ESG die wirtschaftlichere Alternative bei Altstellwerken, wenn ETCS gefordert ist.
- Die Überwachungskurven sind bei ESG individueller als bei PZB, da sie genau an das Bremsvermögen des jeweiligen Zuges angepasst sind und nicht nur in drei Stufen wie bei der PZB.
- Die Interoperabilität ist gegeben und ESG gilt als Brückentechnologie auf dem Weg zur Ausrüstung mit ETCS Level 2.
- ESG erlaubt eine erleichterte Planung im Vergleich zu einer Ausrüstung mit ETCS Level 1 Full Supervision, da für die ESG-Datenpunkte Standardprojektierungen verwendet werden. Dadurch entfällt der Aufwand für eine individuelle Projektierung (bspw. Abstand bei Verlinkung).

Die Nachteile von ESG lassen sich wie folgt beschreiben:

- Durch die Nutzung der PZB-Information werden nicht alle ETCS-Funktionen genutzt.
- Schlecht bremsende Züge können einen Bremsweg haben, der den bei der PZB üblichen Bremsweg übersteigt. Dies ist jedoch in seltenen Fällen kritisch und kann durch ausreichendes Bremsvermögen behoben werden (Trinckauf 2020).

In den nächsten Abschnitten werden exemplarisch ausgewählte Funktionen wie die Überwachung der Zufahrt auf ein Halt zeigendes Hauptsignal, die Überwachung von Langsamfahrstellen, die Zufahrtssicherung auf einen Bahnübergang sowie die Überwachung aufstartender Reisezüge in Bahnhöfen beschrieben.

Überwachung der Zufahrt auf ein Halt zeigendes Hauptsignal

Bei der Zufahrt auf ein Halt zeigendes Hauptsignal überwacht das Zugbeeinflussungssystem (ETCS sowie PZB) den Triebfahrzeugführer. Andernfalls wird vom Zugbeeinflussungssystem eine rechtzeitige und ausreichende Bremsung eingeleitet, so dass der Zug innerhalb des für ihn reservierten Fahrwegs zum Stehen kommt. Zu diesem Zweck werden an mehreren Stellen Daten übertragen. Bei ETCS Level 1 Limited Supervision werden aus Sicherheitsgründen ausschließlich Balisengruppen verwendet. So wird der Ausfall einer Balise erkannt und eine Sicherheitsreaktion eingeleitet (Kirchner und Schölzel 2014). Außerdem überwacht die Technik den Triebfahrzeugführer lediglich im Hintergrund und zeigt dem Triebfahrzeugführer im Gegensatz zur Betriebsart Full Supervision mit Anzeigeführung keine Führungsgrößen an. Die Überwachung ist hierbei wie folgt realisiert:

- *Fahrt ohne Restriktionen:* Während der Fahrt entlang der Strecke wird die zulässige Höchstgeschwindigkeit des Fahrzeugs, bzw. der Betriebsart Limited Supervision überwacht. Abb. 5.1 zeigt das Beispiel einer Nachbildung der Überwachungsfunktion der deutschen PZB-Funktionalität mit der Überwachungsart Limited Supervision (Weigand 2007).
- *Beeinflussung am Vorsignal:* Am Vorsignal wird dem Zug eine neue zulässige Bremsdistanz (Permitted Braking Distance, PBD) übertragen, die ihn zwingt, seine Geschwindigkeit (abhängig vom Bremswegabstand) so zu verringern, dass er innerhalb von weiteren 250 m zum Stehen kommen kann. Der resultierende Geschwindigkeitswert ist abhängig vom aktuellen Bremsvermögen des Zuges. Bei Annäherung an ein Halt zeigendes Hauptsignal wird dem Triebfahrzeugführer die Beharrungsgeschwindigkeit angezeigt, mit der er sich der Aufwerte-Balisengruppe nähern darf. Die Beharrungsgeschwindigkeit ist im Gegensatz zur PZB nicht an drei Werte gebunden, sondern wird abhängig vom Bremsvermögen der aktuellen Zugkonfiguration ermittelt (Neuberg 2014).
- *Beeinflussung zwischen Vorsignal und Hauptsignal:* Wurde das bislang Halt zeigende Hauptsignal zwischenzeitlich aufgewertet, erhält der Zug an der Aufwerte-

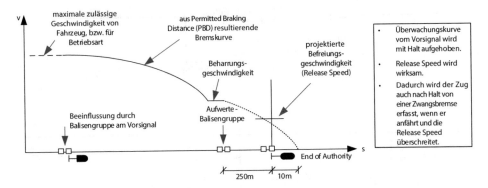

Abb. 5.1 Bremskurvenüberwachung bei ETCS Level 1 Limited Supervision. (Eigene Darstellung in Anlehnung an Weigand 2007)

Balisengruppe eine Fahrterlaubnis für die Fahrt ohne Restriktionen. Wird weiterhin auf ein Halt zeigendes Signal zugefahren, wird die Fahrterlaubnis an der Aufwerte-Balisengruppe aktualisiert und auf 260 m gekürzt. Der Zug muss innerhalb von 260 m zum Stehen kommen. Die zusätzlichen 10 m stellen sicher, dass der Zug immer die zum Hauptsignal gehörige Balisengruppe erreicht und deren Informationen empfangen kann. Allen Zügen wird eine Release Speed von 25 km/h übertragen und angezeigt. Bei dieser Geschwindigkeit wird die Überwachung durch die Bremskurve abgebrochen und mit konstant 25 km/h weitergeführt. Sie ermöglicht es dem Trieb-fahrzeugführer, an das Signal heranzufahren, um eine neue Fahrterlaubnis der dort befindlichen Balisengruppe zu erhalten. Ab der Aufwerte-Balisengruppe wird bei noch Halt zeigendem Hauptsignal die zulässige Release Speed angezeigt, bei der die Überwachung der Bremskurve beendet wird (Neuberg 2014).

- *Beeinflussung am Hauptsignal:* Fährt trotz der Überwachung ein Zug unerlaubt am Hauptsignal vorbei, wird mittels der dort verlegten Balisengruppen eine Zwangs-bremsung wegen Überfahren des „End of Authority" ausgelöst (Neuberg 2014).
- *Erlaubte Vorbeifahrt am Halt zeigenden Signal:* die Vorbeifahrt an einem Halt zeigenden Signal auf Befehl oder Ersatzsignal muss möglich sein. Dabei wird analog zur PZB ein Halt übertragen, der durch das Bedienen von Override (PZB: Befehls-taste) unwirksam wird.

Überwachung von Langsamfahrstellen

Die Überwachung von Langsamfahrstellen stellt sicher, dass die vorgegebene Geschwindigkeit beim Passieren des Geschwindigkeitswechsels eingehalten wird (Neu-berg 2014). Der Ablauf der Überwachung ist hierbei wie folgt (Abb. 5.2).

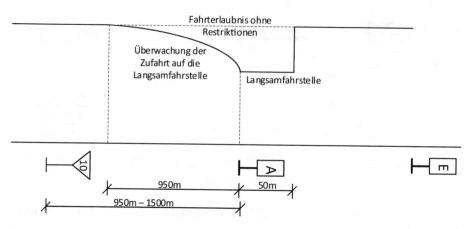

Abb. 5.2 Geschwindigkeitsüberwachung von Langsamfahrstellen (Neuberg 2014)

- Das Fahrzeug passiert das Ankündigungssignal für den Geschwindigkeitswechsel, welches die Zielgeschwindigkeit anzeigt. Das Ankündigungssignal ist ein einer Entfernung von 950 m bis 1500 m bis zum Geschwindigkeitswechsel aufgestellt.
- Das Fahrzeug passiert einen Datenpunkt, der im Abstand von 95 % des Bremswegabstands vor dem Geschwindigkeitswechsel verlegt ist (950 m vor dem Geschwindigkeitswechsel).
- Das Fahrzeuggerät überwacht eine Bremskurve auf den Wert des Geschwindigkeitswechsels.
- Die Überwachung der Zielgeschwindigkeit erfolgt grundsätzlich vom Beginn der Langsamfahrstelle über eine Länge von 50 m plus Zuglänge (Trinckauf 2020).
- Am Bahnübergang wird die Langsamfahrstelle mittels eines Datenpunktes zurückgenommen, um wegen des über 1500 m von der ersten Balisengruppe aufgelaufenen Ortungsfehlers ein Beschleunigen zu ermöglichen.

Zufahrtsicherung auf einen Bahnübergang

Es ist zu verhindern, dass Bahnübergänge mit voller Geschwindigkeit befahren werden, falls deren technische Sicherung nicht oder nicht in ausreichendem Maß gegeben ist. Relevant sind in diesem Zusammenhang ausschließlich Bahnübergänge mit Überwachungssignalen (ÜS). Bahnübergänge unter Deckung eines Hauptsignals (Sicherungsart „Hp") werden ebenfalls nicht betrachtet, weil das zugehörige Hauptsignal nur dann einen Fahrtbegriff zeigen kann, wenn auch der Bahnübergang gesichert ist. Bahnübergänge mit Fernüberwachung (Sicherungsart „Fü") offenbaren Störungen einem Fahrdienstleiter und müssen daher ebenfalls nicht separat überwacht werden (Neuberg 2014). Die Absicherung von Bahnübergängen mit Überwachungssignalen (ÜS) wird also in ESG wie folgt realisiert:

- Die erste Balisengruppe überträgt 1500 m vor dem Bahnübergang eine 10 m lange Lamgsamfahrstelle von 25 km/h (Trinckauf 2020).
- Die zweite Balisengruppe ist am Überwachungssignal montiert. Sie befindet sich also im Bremswegabstand vor dem Bahnübergang. Diese Balisengruppe überträgt die Information des Überwachungssignals. Ist der Bahnübergang gesichert, wird die Langsamfahrstelle zurückgenommen. Ist der Bahnübergang nicht gesichert, wird ein Leertelegramm übertragen und die Langsamfahrstelle bleibt bestehen (Trinckauf 2020).
- Am Bahnübergang wird die Langsamfahrstelle mittels eines Datenpunktes zurückgenommen, um wegen des über 1500 m von der ersten Balisengruppe aufgelaufenen Ortungsfehlers ein Beschleunigen zu ermöglichen.

Überwachung aufstartender Reisezüge

In der Regel beginnt eine Zugfahrt vor einem Hauptsignal. Während Güterzüge normalerweise nah an diesem Signal stehen, kann sich der Startplatz eines Reisezugs entsprechend des Abstands zwischen Bahnsteig und Signal auch mehrere hundert Meter entfernt vom Signal befinden. Besonders zu betrachten sind allerdings nur Startplätze, die sich zwischen der Aufwerte-Balisengruppe und dem Hauptsignal befinden. Alle anderen Zugfahrten werden durch die Aufwerte-Balisengruppe abgesichert (Neuberg 2014). Die Gefährdung ergibt sich in diesem Fall dadurch, dass Durchrutschwege hinter dem Signal nur so lange gesichert sind, bis der Zug zum Halten gekommen ist. Ein hinter der Aufwerte-Balisengruppe aufstartender Zug hat durch den Start des Zugbeeinflussungssystems noch keine Information über seine Umgebung (zum Beispiel kurze Fahrterlaubnis bis zum nächsten Hauptsignal auf Grund einer Beeinflussung durch die Aufwerte-Balisengruppe). Fährt in diesem Fall ein solcher aufstartender Zug gegen das Halt zeigende Signal an, reicht eine Zwangsbremsung am Hauptsignal unter Umständen nicht mehr aus, um den Zug vor der maßgebenden Gefahrenstelle zu Stehen zu bringen. Um zu verhindern, dass ein aufstartender Zug das Hauptsignal erreichen kann, werden im Bereich mit möglichen Startplätzen bis zu 5 vom Hauptsignal gesteuerte Start-Balisengruppen verlegt, um dem Zug eine in diesem Fall restriktivere Fahrterlaubnis zu übertragen. Diese Startbalisen werden so verlegt, dass alle möglichen Startszenarien abgedeckt werden.

5.2   Umsetzung von ETCS in Europa

Andere Länder Europas gehen die Umrüstung aktiv an und setzen hier Maßstäbe. Einige Länder realisieren umfassende signaltechnische Erneuerungsprogramme, an deren Ende ein flächendeckender Einsatz von ETCS steht. Beispiele solcher konsequenten Umsetzungen sind Luxemburg, Belgien, Dänemark und Norwegen. Ausgewählte Einführungsprojekte von ETCS sind nachfolgend aufgeführt (Angaben in alphabetischer Reihenfolge).

- *Belgien:* Belgien setzt aktuell eine konsequente Umrüstung des Signalsystems auf ETCS um. Ab dem 1. Dezember 2016 besteht in Belgien für Eisenbahnverkehrs- unternehmen eine generelle Pflicht zum Einsatz des europäische Zugbeeinflussungs- systems ETCS auf dem belgischen Schienennetz. Das bedeutet, dass alle in Belgien aktiven Bahnunternehmen ihre Fahrzeuge mit ETCS ausrüsten müssen.
- *Dänemark:* Das Schienennetz Dänemarks hat eine Gesamtstreckenlänge von 2132 km. Sämtliche herkömmlichen Eisenbahnsignalanlagen werden durch eine Ausrüstung mit ETCS Level 2 ersetzt. Um die Möglichkeiten von ETCS Level 2 technisch und kommerziell optimal auszunutzen, wird das neue System komplett ohne Signale auskommen (Scheele 2013).
- *Luxemburg:* Das Eisenbahninfrastrukturunternehmen hat sich für eine konsequente Umrüstung des gesamten Streckennetzes entschieden. Hierbei wurden zwangs- läufig ebenfalls sämtliche Lokomotiven und Triebfahrzeuge mit ETCS Level 1 aus- gerüstet. Eine Pilotstrecke wurde am 1. März 2005 in Betrieb genommen (Wietor 2015). Danach wurden die anderen Strecken mit ETCS L1 ausgerüstet und im kommerziellen Testbetrieb betrieben. Seit dem 1. Dezember 2014 ist das gesamte luxemburgische Schienennetz mit ETCS L1 ausgerüstet (Arend et al. 2018).
- *Schweiz:* Die Schweiz setzt bei der Zugbeeinflussung konsequent auf ETCS. Alle in der Schweiz verkehrenden Fahrzeuge, die für Zugfahrten eingesetzt werden, sind mit dem sogenannten ETM (Eurobalise Transmission Module) ausgerüstet. Sie sind somit in der Lage, Informationen der nationalen Zugbeeinflussungssysteme SIGNUM und ZUB sowie ebenfalls von Eurobalisen und Euroloops zu lesen und zu verarbeiten. (Hierbei sind die Daten des nationalen Systems im ETCS Paket 44 hinterlegt. Diese Daten werden dann an das bestehende nationale Zugbeeinflussungs- system übergeben. Da hier Daten von Eurobalisen in die Sprache der nationalen Systeme übersetzt werden, wird dieser technische Ansatz auch als „invertiertes STM" bezeichnet. Hier wird das Wirkprinzip eines STM umgekehrt, welches normalerweise die Informationen nationaler Zugbeeinflussungssysteme in die Sprache der ETCS- Fahrzeugeinrichtung übersetzt. Mit dem Paket 44 stellt ETCS ein Datenpaket als „Container" zur Verfügung, der anwendungsspezifisch ausgeprägt werden kann. Im Falle der Schweiz unterstützt das Paket 44 die Systemmigration, da bereits frühzeitig der Weg in Richtung einer streckenseitigen Ausrüstung mit ETCS eingeschlagen werden konnte). Bereits seit dem Jahr 2003 werden zudem gleisseitig bei Um- und Neubauten statt ZUB-Gleiskoppelspulen oder ZUB-Schleifen nur noch Eurobalisen und Euroloops eingesetzt. Dies ist Aufsatzpunkt für die Migration zu ETCS im gesamten nationalen Schienennetz der Schweiz, welche in ETCS Level 2 und ETCS Level 1 Limited Supervision erfolgen soll. ETCS L1 LS-Informationen werden dabei zusammen SIGNUM- und ZUB-Informationen in den gleichen Balisen zum Ein- satz kommen. Dadurch können sowohl Fahrzeuge mit einer nationalen Ausrüstung

(SIGNUM/ZUB/ETM) als auch Fahrzeuge verkehren, die einzig über eine ETCS-Ausrüstung verfügen. Die 2004 in Betrieb genommene Neubaustrecke Mattstetten – Rothrist und die Ausbaustrecke Solothurn – Wanzwil waren die ersten mit ETCS Level 2 ausgerüsteten Strecken in der Schweiz. Der Lötschberg-Basistunnel wurde im Dezember 2007 ebenfalls mit ETCS Level 2 in Betrieb genommen. Im Jahr 2016 wurde der Betrieb im Gotthard-Basistunnel mit ETCS Level 2 aufgenommen. Ende 2020 ist die Inbetriebnahme des Ceneri-Basistunnels mit ETCS Level 2 erfolgt (Hänni 2011).

- *Norwegen:* In Norwegen werden in den nächsten Jahren 4200 Streckenkilometer auf ETCS Level 2 umgerüstet. Die neue Signaltechnik umfasst das gesamte Streckennetz und soll bis 2034 schrittweise in Betrieb gehen.

5.3 Umsetzung von ETCS weltweit

Auch Eisenbahnen außerhalb Europas wünschen zunehmend standardisierte Lösungen – entweder um ebenfalls Interoperabilität mit benachbarten Netzen zu ermöglichen oder um hinsichtlich der Lieferung von Teilsystemen unabhängig vom Systemlieferanten zu sein (Garstenauer und Appel 2007). Damit ist das weitgehend standardisierte System ETCS auch außerhalb Europas ein deutlicher Trend (Geistler und Schwab 2013). Exemplarisch werden nachfolgend einige Großprojekte in den verschiedenen Regionen der Welt aufgeführt.

5.3.1 Ausrüstungsprojekte im Nahen Osten und in Nordafrika

Im Nahen Osten und in Nordafrika sind die folgenden ETCS-Projekte in der Planung oder bereits im Betrieb (Länder in alphabetischer Reihung):

- *Ägypten:* Bereits seit langem bestehen in Ägypten Planungen zur signaltechnischen Erneuerung des bestehenden konventionellen Eisenbahnsystems. Hierfür wird eine Ausrüstung mit ETCS Level 1 erwogen. Die konkrete Umsetzung von ETCS in Ägypten hat im Jahr 2021 mit der Vertragsunterzeichnung für den Bau der ersten 660 km eines zukünftig 1800 km langen Hochgeschwindigkeitsnetzes begonnen. In den nächsten Jahren wird auf dieser Hochgeschwindigkeitsstrecke ETCS Level 2 auf Basis moderner Stellwerkstechnologie umgesetzt.
- *Israel:* In Israel soll ETCS Level 2 im gesamten Netz die dort vorhandene PZB ablösen. Die Ausschreibung erfolgte in drei Teilen (ETCS-Infrastruktur, ETCS-Fahrzeuggeräte, GSM-R). Ziel des Betreibers ist es, unter anderem die Kapazität auf stark befahrenen Korridoren anzuheben. Die ETCS-Einführung in Israel wird von massiv steigender Nachfrage und knapper werdenden Kapazitätsreserven im Netz getrieben. Mit ETCS Level 2 kann die Kapazität der hoch belasteten Korridore

gesteigert werden. Perspektivisch kann durch die Einführung einer kontiniuerlichen Zugbeeinflussung die zulässige Höchstgeschwindigkeit von 160 km/h auf 250 km/h angehoben werden. Durch geplanten Rückbau konventioneller Leit- und Sicherungstechnik sollen langfristig signifikant Instandhaltungskosten eingespart werden.

- *Marokko:* Die Hochgeschwindigkeitsstrecke Tanger–Kenitra ist 200 km lang. Die Eröffnung der Strecke fand am 15. November 2018 statt. Seitdem nutzen Hochgeschwindigkeitszüge die Strecke. Die Strecke ist mit ETCS Level 1 und 2 sowie GSM-R ausgerüstet.

- *Saudi-Arabien:* Die ETCS Level 1-Strecke in Saudi-Arabien verbindet mit einer Länge von 449 km Dammam am Persischen Golf mit Riad über Abqaia und Al Hofuf. Die Umsetzung des interoperablen Zugsicherungssystems gewährleistet den effizienten Eisenbahnverkehr zwischen den beiden wichtigen Städten. Es war das erste ETCS-Projekt, welches in Saudi-Arabien und im Mittleren Osten erfolgreich in Betrieb gegangen ist. Im Jahr 2017 wurde, um den operativen Bedarf zu decken, die Kapazität der Strecke zwischen Hofuf und Redec unter anderem durch die Projektierung und Installation von Infill-Balisen verdoppelt und die Streckenleistungsfähigkeit damit verbessert (Rodríguez 2018). Ein zweites großes Projekt ist die North–South-Railway. Diese neue Eisenbahnstrecke verbindet erstmals die Regionen zwischen Riad im Süden und der jordanischen Grenze im Norden mit der Küste im Osten des Landes. Es ist weltweit das größte Projekt, bei dem das europäische Zugsicherungssystem ETCS im Level 2 (ETCS L2) zum Einsatz kommt (Schneider et al. 2012). Ein weiteres Projekt ist die Al Haramain Highspeed Railway, welche Jeddah mit den Pilgerstätten Mekka und Medina verbindet. Auf der 450 km langen Strecke fahren Züge mit bis zu 320 km/h durch die Wüste. Die Strecke ist mit ETCS Level 2 ausgerüstet.

- *Türkei:* In der Türkei kommt ETCS unter anderem auf der Hochgeschwindigkeitsstrecke Ankara-Konya zum Einsatz. Betrieblich interessant ist die Unterquerung des Bosporus in Istanbul im Projekt Marmaray. Der 14 km lange Tunnelabschnitt wird sowohl von der S-Bahn als auch vom Fernverkehr genutzt. Das Netz der S-Bahn ist mit einem Communications-Based Train Control System (CBTC) ausgerüstet. Um auch mit ETCS ausgerüsteten Fahrzeugen des Fernverkehrs eine Befahrung des Tunnels zu ermöglichen, wurden die Tunnelbereiche zusätzlich mit ETCS ausgerüstet (Castro Canal und Raposo Ocaña 2014).

5.3.2   Ausrüstungsprojekte in Ostasien und Südostasien

In Ostasien und Südostasien sind die folgenden ETCS-Projekte in der Planung oder bereits im Betrieb (Länder in alphabetischer Reihung):

- *China:* Die Schnellfahrstrecke Peking–Tianjin ist eine chinesische Eisenbahn-Schnellfahrstrecke. Auf dieser Strecke kommt ETCS Level 1 zum Einsatz. Die zweigleisige Strecke verbindet auf einer Länge von 117 km die Hauptstadt Peking (Südbahnhof) mit der Hafenstadt Tianjin. Sie ist für eine Betriebsgeschwindigkeit von 300 km/h projektiert.

- *Indien:* In den nächsten Jahren wird der 82 km lange Korridoe zwischen Delhi – Ghaziabad – Meerut mit einem regionalen Schnellbahnsystem ausgerüstet. Hierbei soll nach der aktuellen Planung die Ausrüstung mit ETCS Level 3 hybrid erfolgen. Die Strecke soll halbautomatisch (Automatic Train Operation, ATO) betrieben werden. Die Datenübertragung für die ATO-Anwendung wird hierbei initial mit einem Mobilfunknetz der 4. Generation (Long Term Evolution, LTE) erfolgen.
- *Korea:* In Korea wurde bereits vor mehreren Jahren die Entscheidung getroffen, ETCS als zusätzliches Zugbeeinflussungssystem für einen Bahnbetrieb mit höheren Geschwindigkeiten einzuführen. Im letzten Jahrzehnt wurde eine in nord-südlicher Richtung verlaufende Hauptachse des koreanischen Bahnnetzes samt einigen Zweig-strecken (insgesamt rund 700 km) mit ETCS Level 1, sowohl streckenseitig als auch fahrzeugseitig ausgerüstet. Diese Strecke wurde durch die 85 km lange Gyeongchoon Line nördlich der Hauptstadt Seoul ergänzt (Hutter und Zekl 2011).
- *Thailand:* Zur Steigerung der Sicherheit im Bahnverkehr hat sich der Bahnbetreiber in Thailand im Jahr 2015 entschieden, ETCS Level 1 als Zugsicherungssystem schrittweise netzweit einzuführen. Bislang sind zwei Projekte in Thailand realisiert worden. Bei dem ersten Projekt handelt es sich um ein großes Projekt zur eisen-bahntechnischen Erneuerung und Ausbau einer 107 km langen, nicht elektrifizierten konventionellen Eisenbahnstrecke mit Güter- und Personenverkehr (East Coast Line Project: Chachoengsao – Khlong Sip Kao – Kaeng Khoi). Bei dem zweiten Projekt handelt es sich um die „Red Line" in der thailändischen Hauptstadt Bangkok. Hierbei werden insgesamt 41 km Strecke in zwei Ästen mit ETCS ausgerüstet. Der nördliche Abschnitt (North Line) ist viergleisig, reicht vom neuen Hauptbahnhof der Hauptstadt Bang Sue bis Rangsit und ist 26,4 km lang; der westliche Abschnitt (West Line) ist zweigleisig und verläuft vom Hauptbahnhof Bang Sue bis Taling Chan über 14,6 km (Hutter und Zekl 2019).

5.3.3   Ausrüstungsprojekte in Nordamerika

In Nordamerika sind die folgenden ETCS-Projekte in der Planung oder bereits im Betrieb (Länder in alphabetischer Reihung):

- *Kanada:* In den nächsten Jahren wird der regionale Schienenpersonennahverkehrs der Millionenstadt Toronto und der umliegenden Provinz in Ontario eine umfassende Erneuerung erfahren. Hierbei wird das 450 km lange Streckennetz komplett modernisiert und erweitert. Hierbei wird die Ausrüstung der Leit- und Sicherungs-technik mit dem ETCS erfolgen.

- *Vereinigte Staaten von Amerika:* In den Vereinigten Staaten von Amerika befinden sich mehrere Projekte für Hochgeschwindigkeitseisenbahnstrecken in der Planung. Beispiele hierfür sind California Highspeed sowie die sogenannte Brightline West zwischen Los Angelese und Nevada. Es ist sehr wahrscheinlich, dass in diesen Projekten zukünftig eine Ausrüstung mit ETCS erfolgen wird.

5.3.4   ETCS-Projekte in Australien

In Australien betreiben mehrere Städte Stadtschnellbahnsysteme für den regionalen Personennahverkehr (bspw. Sydney, Melbourne, Brisbane). Im Jahr 2021 wurden Verträge für die Ausrüstung des Stadtschnellbahnsystems der Millionenstadt Sydney mit ETCS Level 2 geschlossen. Die Umrüstung der Strecken soll bis zum Jahr 2024 abgeschlossen sein.

SN Flashcards

Als Käufer*in dieses Buches können Sie kostenlos unsere Flashcard-App „SN Flashcards" mit Fragen zur Wissensüberprüfung und zum Lernen von Buchinhalten nutzen.

1. Gehen Sie bitte auf https://flashcards.springernature.com/login und
2. erstellen Sie ein Benutzerkonto, indem Sie Ihre Mailadresse angeben und ein Passwort vergeben.
3. Verwenden Sie den folgenden Link, um Zugang zu Ihrem SN Flashcards Set zu erhalten: https://sn.pub/M4Za6a

Sollte der Link fehlen oder nicht funktionieren, senden Sie uns bitte eine E-Mail mit dem Betreff „SN Flashcards" und dem Buchtitel an customerservice@ springernature.com.

Literatur

Arend L, Pott L, Hoffmann N, Schanck R (2018) ETCS Level 2 ohne GSM-R. Sitnql + Draht (110) 10(2018):18–28

Bundesministerium für Verkehr und Digitale Infrastruktur (2017) Nationaler Umsetzungsplan ETCS. Version 1.11. Zugegriffen: 11. Dez. 2017

Castro Canal J, Raposo Ocaña J (2014) Moderne Technik für einen sicheren Mischbetrieb in Istanbul. Eisenbahningenieur 9:168–169

Garstenauer K, Appel B (2007) Marktentwicklung für ERTMS Lösungen in Europa und Übersee. Eisenbahntechnische Rundschau 11:666–668

Geistler A, Schwab M (2013) ETCS-L2 – Zugsicherung mit alternativen Funklösungen. Signal + Draht 105(7+8):14–20

Hänni H (2011) Stand ETCS in der Schweiz. Eisenbahntechnische Rundschau 8:78–81

Hohn N (2017) Aktueller Stand der Implementierung von „ETCS signalgeführt" (ETCS Level 1 Limited Supervision). Signal + Draht 109(9):45–48

Hutter F, Zekl M (2011) Gyeongchoon Line – mit ETCS von der Pendlerlinie zur High-Speed Line. Signal + Draht 103(9):16–21

Hutter F, Zekl M (2019) Thailand vertraut auf europäisches Zugsicherungssystem ETCS. Signal + Draht 111(3):23–31

Kirchner W, Schölzel J (2014) ETCS Level 1 Limited Supervision – Migration von ETCS in die vorhandene Bahninfrastruktur. Signal + Draht 106(7 + 8):29–34

Neuberg N (2014) Der Einsatz von ETCS Level 1 Limited Supervision bei der Deutschen Bahn AG. Signal + Draht 106(12):12–18

Rodríguez JT (2018) Dammam – Riad, erste ETCS L1-Linie in der MENA-Region in Saudi-Arabien erfolgreich in Betrieb. Signal + Draht 110(10):6–11

Scheele J (2013) Signaltechnische Modernisierung eines ganzen Landes – Dänemark stellt auf ERTMS/ETCS Level 2 um. EIK – Eisenbahn Ingenieur Kompendium 2013:183–196

Schneider F, Heuer V, Schäfer M (2012) Evolution des Integrierten Bedienplatzes am Beispiel North-South Railway Saudi-Arabien. Signal + Draht 104(12):33–36

Trinckauf J et al (2020) ETCS in Deutschland. PMC Media House GmbH, Leverkusen

Weigand W (2007) ETCS – betriebliche Vorteile der unterschiedlichen Funktionsstufen und Betriebsarten. Eisenbahntechnische Rundschau 56(11):676–681

Wietor R (2015) ETCS-Projektierung in Luxemburg. Eisenbahntechnische Rundschau 11:27–30

Kapazitätswirkung des European Train Control Systems

6

Mit der Einführung von ETCS verbinden die Betreiber die Erwartungen auf eine Optimierung der Kapazität der von ihnen betriebenen Strecken. Dieses Kapitel gibt einen Überblick über die verschiedenen Faktoren für die Kapazitätssteigerung mit ETCS (vgl. Abschn. 6.1), stellt die Potenziale der Automatisierung des Bahnbetriebs auf der Grundlage von ETCS dar (vgl. Abschn. 6.2) und zeigt mit dem Übergang auf ETCS Level 3 zukünftige Möglichkeiten auf, die im Übergang auf ein Fahren im wandernden Raumabstand begründet liegen (vgl. Abschn. 6.3).

6.1 Faktoren für Kapazitätssteigerungen mit ETCS

Um die laufend steigende Verkehrsnachfrage zu befriedigen und den Fahrplan weiterverdichten zu können, kann ETCS einen Beitrag zur Steigerung der Streckenkapazität leisten. Hierbei steht die technische Zugfolgezeit (t_{ZfZ}) im Vordergrund (Eichenberger und Spori 2013). Die t_{ZfZ} ist der minimale zeitliche Abstand zwischen zwei Zügen, sodass der hintere Zug nie bremsen muss, weil er immer ausreichenden Abstand zum vorausfahrenden Zug hat (Pachl 2016). Die Fahrterlaubnis auf dem hinteren Zug muss also spätestens beim Bremseinsatzpunkt (BEP) vorhanden sein. Bremsungen als Folge der Topologie (z. B. in Gleisbögen oder bei der Befahrung von Weichen auf dem abzweigenden Weichenstrang) sind davon ausgenommen. Demgegenüber wird zur Auslegung des Fahrplans die betriebliche Zugfolgezeit verwendet (Heister et al. 2005). Sie berechnet sich aus der t_{ZfZ} und einer zusätzlichen Pufferzeit, die als betriebliche Reserve dient. Für konstante Geschwindigkeiten lässt sich die t_{ZfZ} sehr einfach berechnen (Eichenberger und Spori 2013).

Gemäß Abb. 6.1 setzt sich der Abstand zweier sich mit der Geschwindigkeit v folgende Züge zusammen aus Zuglänge s_{Zug}, Durchrutschweg s_{DW}, Signalabschnitts-

© Springer-Verlag GmbH Deutschland, ein Teil von Springer Nature 2022
L. Schnieder, *European Train Control System (ETCS)*,
https://doi.org/10.1007/978-3-662-66055-3_6

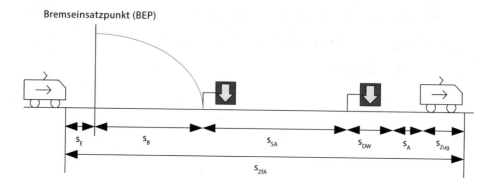

s_E = während der Einstellzeit zurückgelegte Strecke

s_A = während der Auflösezeit zurückgelegte Strecke

s_{ZfA} = Abstand zweier sich mit Geschwindigkeit v folgender Züge

Abb. 6.1 Elemente des Zugfolgeabstandes entsprechend der Zeitanteile der Zugfolgezeit. (In Anlehnung an Eichenberger und Spori 2013)

länge s_{SA}, Bremsdistanz s_B und den Systemzeiten Einstellzeit t_E und Auflösezeit t_A. Dabei beinhaltet die Einstellzeit t_E alle Zeiten ab Anstoß der Fahrstraße bis zum Zeitpunkt, zu dem die Fahrterlaubnis auf dem Fahrzeug angekommen ist, also insbesondere die Zeiten des Stellwerks, der Funkstreckenzentrale und der Übermittlung mittels GSM-R. Demgegenüber umfasst die Auflösezeit t_A die Zeiten ab Freifahren des Abschnitts durch den Zug bis zur abgeschlossenen Auflösung der Fahrstraße (Abb. 6.1).

$$t_{ZfZ} = \frac{s_{Zug} + s_{DW} + s_{SA} + s_b}{v} + t_E + t_A$$

Die folgende Abb. 6.2 zeigt die verschiedenen Ansätze zur Kapazitätssteigerung im ETCS. Diese einzelnen Hebel werden nachfolgend beschrieben.

Oftmals erschwert das Erfüllen sämtlicher an die optische Signalisierung gestellten Randbedingungen die optimale Anordnung der ortsfesten Signale. Demgegenüber bestehen bei der Führerstandssignalisierung mit ETCS kaum Restriktionen bezüglich Signalstandorten und minimalen Signalabschnittslängen. Die Vorteile eines Übergangs von der ortsfesten Signalisierung auf eine Führerstandssignalisierung werden nachfolgend dargestellt:

- *Die Führerstandssignalisierung ist die technische Grundlage für die Einführung kurzer Blockabstände:* Mit ortsfesten Signalen sind der Blockteilung enge Grenzen gesetzt, da nicht beliebig viele Signale aufgestellt werden können. Eine zu feine Blockteilung führt zu einem „Signalwald", der vom Triebfahrzeugführer nicht mehr überblickt werden kann. Die Führerstandssignalisierung des ETCS erlaubt eine sehr

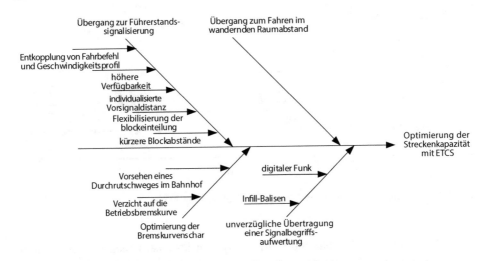

Abb. 6.2   Faktoren für Kapazitätssteigerungen mit ETCS

viel feinere Blockunterteilung. Insbesondere im Bereich von Knotenbahnhöfen sind Blockabstände von beispielsweise 100 m und weniger denkbar. Die Blockteilung wiederum hat einen direkten Einfluss auf die mögliche Zugfolgezeit.

- *Die Führerstandssignalisierung flexibilisiert die mögliche Blockeinteilung im Vergleich zu ortsfesten Signalen:* Die Projektierung ortsfester Signale unterliegt vielen Randbedingungen. So gibt es Vorschriften bezüglich einer frühzeitigen Sichtbarkeit auch bei hohen Geschwindigkeiten (Bartholomeus et al. 2011), dem Platzbedarf, den Mindestabstand von Signal zu Signal oder dem Mindestabstand von spitz befahrener Weiche zu Signalen. Die Vielzahl dieser Vorschriften, welche alle gleichzeitig eingehalten werden müssen, schränkt die möglichen Signalstandorte stark ein. Häufig müssen deshalb die Signale weiter voneinander entfernt werden, was wiederum die Blocklänge vergrößert. Durch den Übergang auf eine Führerstandssignalisierung entfallen die zuvor genannten Randbedingungen, die ETCS-Blockkennzeichen (bezeichnen den Halteort) können – bis auf Weichenbereiche – praktisch überall aufgestellt werden. Der negative Einfluss auf die gewünschte Blockteilung entfällt (Eichenberger 2007). Diese Flexible Blockeinteilung kann auch als „Hochleistungsblock" bezeichnet werden. Um einen „Staueffekt" bei Geschwindigkeitswechseln zu kompensieren, müssen die Signalabschnittslängen im Bereich des Abbremsens kürzer sein. Diese Signalverdichtung lässt die Zugfolgezeit mindestens in gewissen Grenzen konstant bleiben. Dies führt zu einer Optimierung der Sperrzeitentreppen zweier einander folgender Züge. Zur Berechnung der optimierten Signalstandorte dient das nachfolgend aufgeführte schrittweise Vorgehen (siehe Abb. 6.3). Er basiert auf einem berechneten Zuglauf. Der mit seiner maximal erlaubten Geschwindigkeit verkehrende Zug soll Beschleunigungen und Abbremsen als Folge der Topologie (beispielsweise

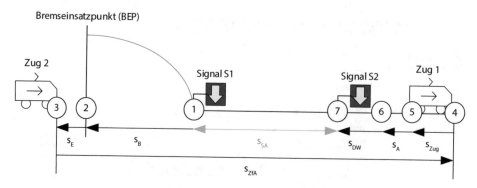

Abb. 6.3 Berechnung von Abschnittslängen des Hochleistungsblocks

in Gleisbögen und Weichen) und Fahrplan (Halt in Stationen), nicht aber Abbremsen auf Halt zeigende Signale berücksichtigen (Eichenberger und Spori 2013).

- *Schritt 1:* Der Standort des Ausgangssignals S1 ist gegeben.
- *Schritt 2:* Ermittlung der Position des zu Signal S1 gehörenden Bremseinsatzpunkts (BEP) für den folgenden Zug 2. Hierbei wird die Bremsdistanz s_B (in Metern) des folgenden Zugs 2 (unter Berücksichtigung des Gradientenprofils der Strecke) berücksichtigt.
- *Schritt 3:* Ermittlung der Position der Zugspitze des hinteren Zugs 2. Hierbei wird die während der Einstellzeit t_E (in Sekunden) zurückgelegte Distanz s_E berücksichtigt.
- *Schritt 4:* Ermittlung der Position der Zugspitze des vorausfahrenden Zugs 1. Hierbei wird die während der geforderten technische Zugfolgezeit t_{ZfZ} (in Sekunden) zurückgelegte Distanz berücksichtigt.
- *Schritt 5:* Ermittlung der Position des Zugendes des vorausfahrenden Zugs 1. Hierbei wird die Zuglänge s_{Zug} (in Metern) berücksichtigt.
- *Schritt 6:* Ermittlung der Position des Beginns der Auflösung der Fahrstraße von Zug 2. Hierbei wird die während der Auflösezeit t_A zurückgelegte Distanz s_A berücksichtigt.
- *Schritt 7:* Ermittlung des Standortes von Signal S2. Hierbei wird der hinter dem Zielsignal liegende Durchrutschweg s_{DW} (m) berücksichtigt.

- *Die Führerstandssignalisierung gestattet eine individualisierte Vorsignaldistanz bei unterschiedlichen Zuggattungen:* Bedingt durch unterschiedliche Maximalgeschwindigkeiten und Bremseigenschaften verschiedener Zuggattungen müssen bei ortsfesten Signalen Kompromisse gemacht werden in Bezug auf Vorsignaldistanz und erlaubter Maximalgeschwindigkeit. Dies führt dazu, dass Züge wegen der gegebenen Vorsignaldistanz langsamer fahren müssen als aufgrund der Streckentopologie möglich wäre. Mit der Führerstandssignalisierung hat jedes Fahrzeug quasi seine individuelle Vorsignaldistanz in Form der Bremskurven, eine weitergehende Einschränkung der Geschwindigkeit entfällt. Betriebsuntersuchungen mit stark gemischten Verkehren zeigen, dass in diesen Fällen die Kapazität um 30–50 % durch ETCS Level 2 im Vergleich zu einer Signalisierung mit ortsfesten Signalen erhöht werden kann (Eichenberger 2007).

- *Die Führerstandssignalisierung hat im Vergleich zu ortsfesten Signalen eine höhere Verfügbarkeit:* Bei ortfesten Signalen kann es zu Lampenausfällen oder Störungen kommen. Lampenausfälle machen einen nicht zu unterschätzenden Anteil in der Verspätungsstatistik aus. Hier haben Systeme mit Führerstandssignalisierung eine höhere Verfügbarkeit und sind daher hier nicht so anfällig für störungsbedingte Verspätungen.

- *Unabhängigkeit von möglichen Signalbegriffen (Entkopplung von Fahrterlaubnis und Geschwindigkeitsprofil):* Mit ETCS wird das restriktivste statische Geschwindigkeitsprofil (most restrictive static speed profile, MRSP) vom Fahrterlaubnis entkoppelt. Züge können einfach dem restriktivsten statischen Geschwindigkeitsprofil folgen. Die Höchstgeschwindigkeit, welche sich beispielsweise an den restriktivsten Bedingungen des hinter dem Signal liegenden Streckenbereichs orientiert (beispielsweise niedrigere zulässige Geschwindigkeiten in Bögen und in Stationen), wird nicht mehr durch den vorgegebenen Signalbegriff ortsfester Signale vorgegeben. Die reduzierte Geschwindigkeit wird hierdurch oftmals zu früh signalisiert. Um die Anzahl verschiedener Signalbegriffe am Einfahrsignal zu reduzieren, wird allen Zügen bei ortsfesten Signalen die gleiche Geschwindigkeitseinschränkung signalisiert. Im Gegensatz hierzu ermöglicht die Führerstandssignalisierung des ETCS die Ermittlung und Übertragung spezifischer statischer Geschwindigkeitsprofile für jeden Fahrweg. Für einen Fahrweg können also im Vergleich zum konventionellen Signalsystem mit ortsfesten Signalen weniger restriktive Geschwindigkeitsvorgaben auf das Fahrzeug übertragen und dort überwacht werden. Dies führt – gerade in Bahnhofsbereichen – zu signifikanten Fahrzeitverkürzungen (Bartholomeus et al. 2011).

Ein weiterer Ansatz der Kapazitätserhöhung beim ETCS liegt in einer Optimierung der Bremskurvenschar. Die kontinuierliche Geschwindigkeitsüberwachung durch das ETCS erhöht die Sicherheit. Dieser Sicherheitsgewinn kann allerdings erheblichen Kapazitätsverlust nach sich ziehen, indem die Züge viel früher die Bremsung einleiten müssen (Eichenberger 2007). Maßgeblich hierfür ist die Emergency Brake Deceleration Curve (EBD), definiert durch eine Schnellbremsung mit garantierter, d. h. sicherer Verzögerung des Fahrzeugs. Die Emergency Brake Intervention Curve (EBI) ist der EBD um die sichere Bremsaufbauzeit zeitlich vorgelagert. Da es keine absolute Sicherheit geben kann, müssen basierend auf dem Sicherheitsziel die korrekten Werte von Bremsverzögerung und Bremsaufbauzeit berechnet werden. Je restriktiver diese Werte bestimmt werden, desto flacher werden die Kurven EBD und EBI sowie die gesamten übrigen Bremskurven, die sich anlehnend an EBI berechnen. Je flacher die Bremskurven, desto größer wird aber wiederum die Zugfolgezeit und folglich desto kleiner die Kapazität einer Strecke (Eichenberger 2007). Bezüglich der Optimierung der Bremskurvenschar bestehen zwei mögliche Ansätze:

- Einer der möglichen Lösungsansätze ist der Verzicht auf die Kurven Service Brake Deceleration für die Vollbremsung (SBD) und die dieser Kurve um die äquivalente Bremsaufbauzeit vorgelagerte Service Brake Intervention Curve (SBI). Dadurch wird weniger „Raum" für die gesamte Bremskurvenschar benötigt (Eichenberger 2007). Die Möglichkeit dieses Verzichts auf Berücksichtigung dieser Brems-kurve in der Überwachung der Zielgeschwindigkeit wird über den Parameter Q_NVSBTSMPERM als Bestandteil der nationalen Werte (Paket 3) von der Strecke zum Fahrzeug übertragen (Eichenberger 2007).
- Darüber hinaus hat auch der Durchrutschweg einen Einfluss auf die Bremskurven-schar. Der Durchrutschweg bezeichnet den Abstand zwischen dem Ende der Fahrt-erlaubnis (End of Authority, EoA) und dem überwachten Gefahrenpunkt (Supervised Location, SvL). Dieser Abstand kann größer oder gleich Null sein. Ist er gleich Null, werden zwangsläufig alle Bremskurven zum EoA hin gerechnet, was relativ flache Bremskurven incl. der Permittes Speed Curve zur Folge hat. Ist der Abstand zwischen EOA und SvL dagegen größer Null, werden EBD/EBI zur Supervised Location (SvL) hin gerechnet. Dadurch können die übrigen Kurven gerade auf den letzten 50 bis 100 m vor dem EoA deutlich steiler verlaufen und der Zug somit spürbar schneller an den Halt heranfahren (Eichenberger 2007).

Können Fahrzeuge einander im wandernden absoluten Bremswegabstand folgen (ETCS Level 3), können Zugfolgezeiten weiter reduziert und die Leistungsfähigkeit von Strecken weiter erhöht werden. Der Kapazitätsgewinn kann durch ein Sperrzeitenbild verdeutlicht werden. Sperrzeiten sind hierbei diejenigen Zeiten, in welcher der Fahr-wegabschnitt durch eine Fahrt betrieblich beansprucht ist (Pachl 2016). Die Sperr-zeit eines Gleisabschnitts wird durch zwei Zeitpunkte begrenzt. Dies ist zum einen der Zeitpunkt, zu dem der Gleisabschnitt frei sein muss, damit der Fahrzeugführer keine Bremsung einleitet. Dies ist zum anderen der Zeitpunkt, zu dem der Zug den Gleis-abschnitt wieder für eine andere Zugfahrt freigibt. Beim Fahren im festen Raumabstand (das heißt bei konventionellen Zugbeeinflussungssystemen) nimmt das Sperrzeitenbild die Form einer Sperrzeitentreppe an. Die dichteste Zugfolge wird durch die Berührung der Sperrzeitentreppen vorgegeben. Mit ETCS Level 3 wird das Fahren im absoluten Bremswegabstand (wandernder Raumabstand) möglich. Hier geht die treppenförmige Darstellung des Sperrzeitenbildes in ein Sperrzeitenband über (Büker et al. 2019). Da wesentliche Sperrzeitenanteile (dunkelgrau) entfallen, können die Züge einander nun in dichteren Zeitabständen folgen (vgl. Abb. 6.4). Infill-Informationen können über Funk, Balisen oder den Euroloop übertragen werden.

Infill-informationen werden zur Steigerung der Streckenleistungsfähigkeit eingesetzt. Zu dem Zeitpunkt, an dem der vorausfahrende Zug den hinter ihm liegenden Gleis-abschnitt räumt, hat der folgende Zug die Eurobalise mit der Ankündigung des Halt zeigenden Signals schon überfahren und befindet sich in der Bremskurvenüberwachung. Der Zug erhält erst auf Höhe des nächsten Signals eine Signalbegriffsaufwertung, wenn er die nächste Eurobalise überfährt. Durch die Ergänzung einer Infill-Information

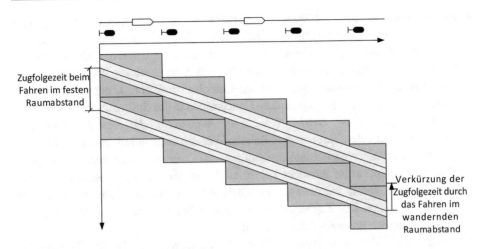

Abb. 6.4 Kapazitätsgewinn bei Übergang vom Fahren im festen Raumabstand zum Fahren im wandernden Raumabstand

in Annäherung an das Signal wird dem folgenden Fahrzeug der Hochlauf des Signalbegriffs auf eine weniger restriktive Weg- und Geschwindigkeitsvorgabe sofort übermittelt. Es entfallen Zeitverluste für das Bremsen und die Beschleunigung. Zugfolgezeiten von Fahrzeugen werden reduziert, bzw. erhöht sich im Umkehrschluss die Streckenkapazität (in Fahrzeugen pro Fahrtrichtung und Stunde).

6.2 Kapazitätssteigerung durch Automatisierung (ATO over ETCS)

Für die Automatisierung des Bahnbetriebs wurden in internationalen Normen unterschiedliche Automatisierungsgrade definiert (IEC 62290-1:2014). Die Festlegung der Automatisierungsgrade ergibt sich daraus, welche Funktionen im Bahnbetrieb von Menschen oder technischen Systemen übernommen werden. Die Automatisierungsgrade sind hierbei wie folgt definiert.

- *Zugbetrieb auf Sicht (Grade of Automation 0): Beim* Zugbetrieb auf Sicht ist der Triebfahrzeugführer für die sichere Durchführung der Fahrzeugbewegung (insbesondere den Folgefahrschutz) verantwortlich, da hier fahrzeugseitig keinerlei Überwachung der zulässigen Fahrweise realisiert ist.
- *Nicht-automatisierter Betrieb (Grade of Automation 1):* Der Zug wird vom Triebfahrzeugführer gefahren. Die Einhaltung der zulässigen Fahrweise wird vom Zugbeeinflussungssystem überwacht. Diese Automatisierungsstufe kann bereits Fahrempfehlungen für den Triebfahrzeugführer vorsehen.

- *Halbautomatischer Betrieb (Grade of Automation 2):* Das Fahrzeug wird automatisch auf die Zielgeschwindigkeit beschleunigt und gebremst. Der Triebfahrzeugführer fertigt den Zug im Bahnhofsbereich ab. Danach startet der Triebfahrzeugführer die halbautomatische Fahrt. Er muss währenddessen die vor ihm liegende Strecke ständig überwachen, um in Notfällen oder bei Abweichungen vom Regelbetrieb eingreifen zu können. Das Fahrzeug bremst automatisch an der vorgesehenen Halteposition in den Stillstand.
- *Begleiteter fahrerloser Betrieb (Grade of Automation 3):* Das Fahrzeug wird einschließlich der Ausfahrt aus dem Bahnhofsbereich automatisch gefahren. Ein Zugbegleiter kann einzelne betriebliche Aufgaben übernehmen. Der Zugbegleiter muss nicht notwendigerweise auf dem Führerstand sein, da das Automatisierungssystem beispielsweise selbst Hindernisse im Gleis erkennt und die sicherheitsgerichtete Reaktion einleitet. Der Zugbegleiter kann jedoch bei Notfällen oder Abweichungen vom Regelbetrieb unverzüglich eingreifen.
- *Unbegleiteter fahrerloser Betrieb (Grade of Automation 4):* Alle für die Sicherung der Zugfahrt erforderlichen Schutzfunktionen werden von technischen Systemen übernommen. Im Fall von Notfällen oder Abweichungen vom Regelbetrieb ist kein Betriebspersonal auf dem Fahrzeug, welches die Fahrzeugsteuerung übernehmen kann.

Bei Stadtschnellbahnsystemen (bspw. U-Bahnen) ist ein unbegleiteter fahrerloser Betrieb in neu errichteten Systemen weltweit längst Realität. Wegen ihrer Trassenführungen in geschlossenen Tunnelsystemen eignen sich U-Bahnen besonders gut für einen hohen Automatisierungsgrad. Auch im Fern-, Güter- und Regionalverkehr besteht zusehends der Wunsch, die Möglichkeiten des automatisierten Fahrens zu nutzen, um den zukünftigen Herausforderungen – insbesondere der Kapazitätssteigerung – gerecht zu werden. Ziel einer zukünftigen Weiterentwicklung des ETCS ist es dabei, der eigentlichen Zugsteuerung und Zugsicherung (Automatic Train Protection, ATP) eine automatisierungstechnische Komponente, eine sogenannte Automatic Train Operation (ATO) zu überlagern (Tasler und Knollmann 2018). Es wird also die Automatisierungsstufe 2 (halbautomatischer Betrieb) realisiert. Das Wirkprinzip einer ATO kann als Struktur vermaschter Regelkreise dargestellt werden (vgl. Abb. 6.5). Zum einen folgt das Fahrzeug – einem Regelkreisprinzip folgend – den vorgegeben Führungsgrößen. Dies ist der unterer Regelkreis der Fahrzeugsteuerung in Abb. 6.5. Diesem Regelkreis der Fahrzeugsteuerung ist die Automatic Train Operation (ATO) überlagert. Unter Berücksichtigung der aktuellen Zustandsgrößen des Prozesses (aktuelle Geschwindigkeit, aktueller Ort des Fahrzeugs) sowie Führungsgrößen des überlagerten Regelkreises der Leitstelle wird hier die optimale Trajektorie des Fahrzeugs ermittelt. Hierbei können die Höhe der Beharrungsgeschwindigkeit sowie der Zeitpunkt der Antriebsabschaltung variiert werden. Dies ist der mittlere Regelkreis in Abb. 6.5. Im oberen Regelkreis werden auf der Leitstelle die Fahrzeugbewegungen verfolgt und durch manuelle Anpassung der Führungsgrößen auf die Fahrzeugbewegung Einfluss genommen (bspw. durch die Wahl veränderter Laufwege oder entfallende Halte). Alle drei Regelkreise wirken auf eine gemeinsame Regelstrecke und sind in den übergeordneten Regelkreis eines Fahrplansystems eingebettet.

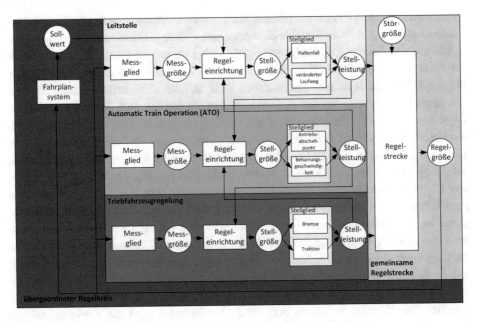

Abb. 6.5 Automatic Train Operation als Struktur vermaschter Regelkreise

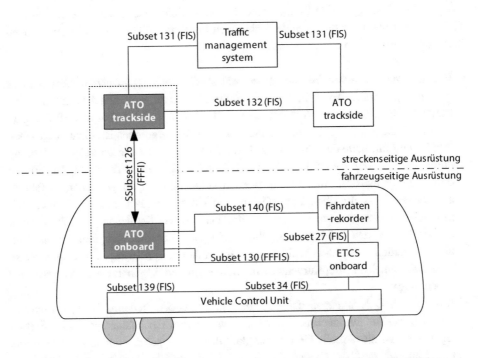

Abb. 6.6 Referenzarchitektur „ATO over ETCS" (Automatisierungsstufe 2). (In Anlehnung an Tasler und Knollmann 2018)

Ein ATO-System besteht grundsätzlich aus fahrzeug- und streckenseitigen Komponenten (vgl. Abb. 6.6). Beide Komponenten wirken als Gesamtsystem zusammen, sodass auf den Fahrzeugen die (energie- oder zeit-) optimalen Geschwindigkeitsprofile auf Basis der aktuellen Fahrplan- und Fahrweginformationen berechnet werden können. Bei der ATO handelt es sich grundsätzlich nicht um ein sicherheitsrelevantes System. Die Zugbewegung wird bei der ATO jederzeit durch das auf dem Fahrzeug installierte Zugsicherungssystem (beispielsweise hier ETCS) gesichert. Dies greift beim Überschreiten der zulässigen Geschwindigkeitsvorgabe „regulierend" ein (UNISIG Subset 125). Auf diese Weise hat die Einführung eines ATO-Systems keinen negativen Einfluss auf die Sicherheit des Bahnbetriebs. So wie es das Ziel der Einführung und Verbreitung von ETCS als europäischem Zugsicherungssystems ist, Züge flexibel im europäischen Fernverkehrsnetz einsetzen zu können, so sollen auch die mit ATO ausgerüsteten Fahrzeuge im interoperablen Umfeld verwendbar sein. Aus diesem Grund ist die Definition einer Standard-ATO ein wesentliches Ziel europäischer Standardisierungsaktivitäten. Abb. 6.6 zeigt die Referenzarchitektur mit den relevanten Systemkomponenten und den standardisierten Schnittstellen. Diese sind – je nach dem Grad ihrer Standardisierung – wie beim ETCS auch als Functional Interface Specification (FIS) und Form Fit Function Interface Specification (FFFIS) – bezeichnet. Nachfolgend wird das Zusammenwirken der einzelnen Systembestandteile anhand der Schnittstellen des ATO-Fahrzeuggeräts zu seinen Umsystemen beschrieben.

Die fahrzeugseitige ATO-Komponente hat eine Schnittstelle zur streckenseitigen ATO-Komponente, über die in beide Richtungen Führungsgrößen, bzw. Zustandsgrößen übermittelt werden:

- *Von der ATO-Streckeneinrichtung an die ATO-Fahrzeugeinrichtung übermittelte Führungsgrößen:* Beispiele hierfür sind Informationen zu geplanten Ankünften in den Betriebsstellen (Datum der Ankunft; Uhrzeit der Ankunft; die zulässige Verfrühung an der betreffenden Betriebsstelle; Angaben, ob ein Halt vorgesehen ist, nicht vorgesehen ist oder entfällt; Seite der Türöffnung; Unterscheidung zwischen zentraler Türöffnung durch den Triebfahrzeugführer oder der Möglichkeit zur dezentralen Türöffnung durch die Fahrgäste). Andererseits werden Informationen zu geplanten Abfahrten aus der Betriebsstelle übertragen (Datum und Uhrzeit der Abfahrt; Mindesthaltezeit in einer Betriebsstelle sowie Angaben darüber, ob das Schließen der Türen durch die ATO oder den Triebfahrzeugführer erfolgt). Über die Fahrplaninformationen hinaus werden auch streckenbezogene Informationen übertragen (beispielsweise Geschwindigkeitsprofile, Kurvenradien, Gradienten und Angaben zur Traktionsstromversorgung).

- *Von der ATO-Fahrzeugeinrichtung an die ATO-Streckeneinrichtung gesendete Zustandsgrößen:* Die zentrale Information ist hierbei der Statusreport. Der Statusreport umfasst die aktuelle Geschwindigkeit des Zuges, seine aktuelle Position sowie Informationen darüber, ob der Zug in die Betriebsstelle eingefahren, aus ihr ausgefahren oder diese ohne Halt passiert hat. Des Weiteren werden die vom Fahrzeuggeräte ermittelten voraussichtlichen Ankunftszeiten an den folgenden Betriebsstellen übertragen (UNISIG Subset 126).

Die fahrzeugseitige ATO-Komponente hat ebenfalls eine Schnittstelle zum ETCS-Fahrzeuggerät. Über diese Schnittstelle werden die für die Automatisierung erforderliche Informationen ausgetauscht:

- *Von der ATO-Fahrzeugeinrichtung an die ETCS-Fahrzeugeinrichtung übermittelte Informationen:* Das ATO-Fahrzeuggerät übergibt betriebliche Informationen, die dem Triebfahrzeugführer zusätzlich auf der Führerstandsanzeige angezeigt werden. Beispiele umfassen Wartezeiten an der nächsten Betriebsstelle, Angaben zur Art der Türsteuerung (manuelle/automatische Türschließung), Angaben zum Schließzustand der Türen (Türen geschlossen, Türöffnung rechts, links oder an beiden Seiten), Informationen über entfallende Halte, ein Countdown zur verbleibenden Haltezeit, Geschwindigkeitsempfehlungen sowie Bezeichnungen des nächsten Haltes mit der zugehörigen Ankunftszeit.
- *Von der ETCS-Fahrzeugeinrichtung an die ATO-Fahrzeugeinrichtung übermittelte Informationen:* Das ETCS-Fahrzeuggerät übergibt dem ATO-Fahrzeuggerät statische Fahrzeugdaten wie beispielsweise Angaben zu Bremssystemen, zur Zuglänge und zur maximalen Geschwindigkeit des Zuges. Darüber hinaus werden dynamische Fahrzeugdaten übermittelt. Hierbei handelt es sich beispielsweise um Lokalisierungsinformationen, Daten zur Überwachung der sicheren Fahrweise des Zuges (Geschwindigkeits- und Gradientenprofile, Ende der Fahrterlaubnis und Bremskurven). Auch vom Fahrer getätigte Eingaben werden an das ATO-Fahrzeuggerät übergeben (UNISIG Subset 130).

Die fahrzeugseitige ATO-Komponente weist auch eine Schnittstelle zur Fahrzeugsteuerung auf. Hierüber werden ebenfalls für die Automatisierung relevante Inhalte ausgetauscht:

- *Von der ATO-Fahrzeugeinrichtung an die Fahrzeugsteuerung übergebene Informationen:* An die Fahrzeugsteuerung werden konkrete Anforderungen an die Bremsleistung, bzw. die Traktionsleistung übergeben. Gegebenenfalls werden gesonderte Anforderungen an die pneumatische Druckluftbremse oder die Feststellbremse an die Fahrzeugsteuerung übergeben. Ebenfalls werden Angaben übergeben, ob die Türöffnung automatisch oder durch den Triebfahrzeugführer erfolgen soll sowie auf welcher Seite die Türen geöffnet werden sollen (UNISIG Subset 139).
- *Von der Fahrzeugsteuerung an die ATO-Fahrzeugeinrichtung übergebene Informationen:* die Fahrzeugsteuerung übergibt an das ATO-Fahrzeuggerät Informationen, ob Traktions- und Bremsleistung verfügbar ist und aktuell wirksam ist. Ebenfalls werden Informationen über aktuell wirksame Betriebs- oder Zwangsbremsen des Fahrzeugs (beispielsweise über den Druck auf der Hauptluftleitung)

übergeben. Verfügbare Informationen zum zurückgelegten Weg, zur ermittelten Fahrzeuggeschwindigkeit und der Beschleunigung des Fahrzeugs werden ebenso übermittelt wir die Information über den Stillstand. Darüber hinaus empfängt das ATO-Fahrzeuggerät den aktuellen Schließzustand der Türen, die Stellung des Fahr- und Bremshebels, aktuell bestehende Begrenzungen der Traktionskraft beispielsweise durch reduzierte Reibung an der Rad-Schiene-Kontaktfläche, die Zugmasse sowie die verfügbare Traktionsleistung verteilt über den Zugverband (UNISIG Subset 139).

6.3   Kapazitätssteigerung durch Fahren im wandernden Raumabstand (ETCS Level 3)

Im ETCS Level 3 müssen die Züge mit einem Vollständigkeitsüberwachungssystem ausgerüstet sein. Allerdings stößt ein reiner ETCS Level 3 Betrieb in mehrerlei Hinsicht an seine Grenzen (Bartholomeus et al. 2018)

- *Zwang zur vollständigen Ausrüstung mit ETCS:* Nur ein Betrieb mit ETCS ausgerüsteten Fahrzeugen ist möglich.
- *Fehlende Vollständigkeitsüberwachung lokbespannter Züge:* Heute verfügen Triebzüge über ein Vollständigkeitsüberwachungssystem. Für die zuggestützte Vollständigkeitsüberwachung existiert bislang noch keine ausgereifte Lösung. Dies ist insofern kritisch, als dass bereits ein einziger Zug ohne Vollständigkeitsüberwachung den Betrieb vieler anderer Züge innerhalb der für ETCS Level 3 vorgesehenen Strecke behindern kann.
- *Unbekannte Position des Fahrzeugs:* Dies kann zum einen durch den Ausfall von Sensoren auf dem Fahrzeug resultieren. Wird die Ortung zu ungenau, verliert ein Level 3-Zug seine sichere Position. Dies kann dazu führen, dass die ETCS Zentrale den Zug nicht einem Streckenabschnitt zuordnen kann. Dies kann zum anderen aber auch durch den Verlust der Funkverbindung geschehen. In diesem Fall ist der Zug für die Funkstreckenzentrale nicht sichtbar. Dies ist beispielsweise dann der Fall, wenn ein ETCS-Fahrzeuggerät in den Rangiermodus schaltet, wenn es absichtlich abgeschaltet ist oder die Verbindung aufgrund von Funkstörungen verloren wurde. Es gibt keine Garantie dafür, dass das Fahrzeug in der Zeit, in der es nicht mit der Streckenzentrale verbunden ist, in diesem Bereich bleibt.
- *Datenverlust durch Ausfall der Funkstreckenzentrale:* Bei einem Neustart der Funkstreckenzentrale gehen alle Informationen über die Züge in dem betroffenen Abschnitt verloren.

Bei einer reinen ETCS Level-3 Ausrüstung sind bei solchen Störungen im Betriebsablauf komplexe betriebliche Handlungen auf der Rückfallebene erforderlich, um wieder in einen geregelten Betriebsablauf überzugehen. Die Abbildung eines Mischbetriebs von mit ETCS Level 3 ausgerüsteten Fahrzeugen und nicht mit ETCS Level 3 ausgerüsteten Fahrzeugenführt zu folgenden Abstandshalteverfahren für die verschiedenen Zugfolgefälle:

- Ein mit ETCS Level 3 ausgerüstetes folgendes Fahrzeug kann einem mit ETCS Level 3 ausgerüsteten vorausfahrenden Fahrzeug im Abstand der virtuellen Unterabschnitte folgen.
- Ein mit ETCS Level 3 ausgerüstetes folgendes Fahrzeug kann einem nicht ausgerüsteten vorausfahrenden Fahrzeug im Abstand der streckenseitigen Gleisfreimeldeabschnitte folgen.
- Ein nicht ausgerüstetes folgendes Fahrzeug kann einem mit ETCS Level 3 ausgerüsteten vorausfahrenden Fahrzeug im Abstand der virtuellen Unterabschnitte folgen (sofern dies signalisiert werden kann).
- Ein nicht ausgerüstetes folgendes Fahrzeug kann einem nicht ausgerüsteten vorausfahrenden Fahrzeug im Abstand der streckenseitigen Gleisfreimeldesysteme folgen.

ETCS Hybrid Level 3 wurde entwickelt, um die oben erläuterten Herausforderungen beim Einsatz von Level 3 durch Einsatz bereits vorhandener Technologie (zum Beispiel mit einer begrenzten Anzahl an streckenseitigen Zugortungssystemen) zu lösen. Durch das Konzept wird die Einführung neuer komplexer Betriebsregeln für Level 3 vermieden. Hierbei werden virtuelle Unterabschnitte eingefügt. Der Status „belegt" oder „frei" der virtuellen Unterabschnitte basiert dabei sowohl auf der Zugpositionsinformation des Fahrzeugs als auch auf der nach wie vor vorhandenen streckenseitigen Zugortungsinformation. Für einen virtuellen Unterabschnitt werden verschiedene signaltechnische Zustände eingeführt (Bartholomeus et al. 2018):

- *Status frei („free"):* Ein virtueller Unterabschnitt wird als „frei" bewertet, wenn die zugrunde liegende streckenseitige Zugortung „frei" meldet oder wenn alle Bedingungen erfüllt sind, um den virtuellen Unterabschnitt auf Grundlage der Zuginformationen sicher freizumelden. Aufgrund der Rückmeldung der streckenseitigen Sensoren besteht Gewissheit, dass sich kein Fahrzeug im virtuellen Unterabschnitt befindet.
- *Status belegt („occupied"):* Ein virtueller Unterabschnitt gilt als „belegt", wenn ein Zug sich als in diesem Abschnitt befindlich meldet (auf Grundlage von gemeldeter Zugspitze und erfasster Zuglänge). Die Streckenseite verfügt über eine gültige Positionsmeldung eines nicht-getrennten Zuges und hat Gewissheit darüber, dass kein anderes Fahrzeug dem diesem Unterabschnitt zugeordneten Fahrzeug folgt (Schattenzug).
- *Status: unklar („ambiguous"):* Die Streckeneinrichtung hat eine Positionsmeldung vorliegen, das sein Fahrzeug einen virtuellen Unterabschnitt belegt, aber es besteht keine Gewissheit darüber, ob nicht ein anderes Fahrzeug (Schattenzug) dem vorausfahrenden Zug folgt.
- *Status: unbekannt („unknown"):* Die Streckeneinrichtung hat keine Positionsmeldug des Zuges vorliegen. Es ist nicht sicher, ob der virtuelle Unterabschnitt frei ist.

Hybrid Level 3 wurde entwickelt, um die oben erläuterten Herausforderungen beim Einsatz von Level 3 durch Einsatz bereits vorhandener Technologie (zum Beispiel mit einer begrenzten Anzahl an streckenseitigen Zugortungssystemen) zu lösen. Durch das Konzept wird die Einführung neuer komplexer Betriebsregeln für Level 3 vermieden. Dies bietet die folgenden Vorteile:

- *Mischbetrieb von Zügen mit und ohne ETCS-Fahrzeugausrüstung:* Nach der Durchfahrt eines Zuges ohne ETCS-Fahrzeuggerät setzt der Normalbetrieb automatisch ohne weitere betriebliche Maßnahmen wieder ein, nachdem der Zug einen physischen Blockabschnitt freigefahren hat.
- *Mischbetrieb von Zügen mit und ohne Vollständigkeitsüberwachung:* Es können auch Züge ohne Vollständigkeitsmeldung auf der Level 3-Strecke verkehren, wenn auch mit längeren Zugfolgezeiten (vergleichbar mit denen in Level 2). Die Streckenkapazität erhöht sich mit steigender Anzahl an Zügen, die mit Vollständigkeitsüberwachung fahren. Dadurch ist es möglich, die Streckenkapazität deutlich zu erhöhen, ohne die kostspielige Installation zusätzlicher Technik im Gleisbereich.
- *Betrieb von Zügen mit unbekannter Position:* Züge ohne Funkverbindung bleiben über die streckenseitige Ortung sichtbar. Dieses erleichtert die betrieblichen Abläufe sowie die Detektion von unerlaubten Fahrzeugbewegungen. Auch können Rangierfahrten, bei denen die Züge ihre Position nicht an die Funkstreckenzentrale melden unterstützt werden.
- *Unterstützung der Wiederaufnahme des Betriebs nach dem Neustart einer Funkstreckenzentrale:* Für die Wiederaufnahme eines sicheren Betriebs nach Störungen der Funkstreckenzentrale gelten ähnliche Abläufe wie im ETCS Level 2.

SN Flashcards
Als Käufer*in dieses Buches können Sie kostenlos unsere Flashcard-App „SN Flashcards" mit Fragen zur Wissensüberprüfung und zum Lernen von Buchinhalten nutzen.

1. Gehen Sie bitte auf https://flashcards.springernature.com/login und
2. erstellen Sie ein Benutzerkonto, indem Sie Ihre Mailadresse angeben und ein Passwort vergeben.
3. Verwenden Sie den folgenden Link, um Zugang zu Ihrem SN Flashcards Set zu erhalten: https://sn.pub/M4Za6a

Sollte der Link fehlen oder nicht funktionieren, senden Sie uns bitte eine E-Mail mit dem Betreff „SN Flashcards" und dem Buchtitel an customerservice@ springernature.com.

Literatur

Bartholomeus M, van Touw B, Weits E (2011) Capacity effects of ERTMS Level 2 from a Dutch perspective. Signal + Draht 103(10):34–41

Bartholomeus M, Arenas L, Treydel R, Hausmann F (2018) Norbert Geduhn und Antoine Bossy: ERTMS Hybrid Level 3. Signal + Draht 110(1+2):15–22

Büker T, Grafagnino T, Hennig E, Kuckelberg A (2019) Enhancement of blocking-time theory to represent future interlocking architectures. Proceedings 8th international conference on railway operations modelling and analysis – Rail Norrköping, S 219–240

Eichenberger P (2007) Kapazitätssteigerung durch ETCS. Signal und Draht 99(3):6–14

Eichenberger P, Spori B (2013) Optimierte Signalisierungskonzepte zur Kapazitätssteigerung mit ETCS Level 2. Signal + Draht 105(9):31–36

Heister G, Kuhnke J, Lindstedt C, Pomp R et al (2005) Eisenbahnbetriebstechnologie. Eisenbahn-Fachverlag, Mainz

IEC 62290–1:2014: Railway applications – Urban guided transport management and command/control systems – Part 1: System principles and fundamental concepts

Pachl J (2016) Systemtechnik des Schienenverkehrs – Bahnbetrieb planen, steuern und sichern. Springer Vieweg, Wiesbaden

Tasler G, Knollmann V (2018) Einführung des hochautomatisierten Fahrens – auf dem Weg zum vollautomatischen Bahnbetrieb. Signal + Draht 110(6):6–14

UNISIG: SUBSET-125: ATO over ETCS – System Requirements Specification. Version 0.1.0 vom 04.05.2018

UNISIG: SUBSET-126: ATO-OB/ATO-TS FFFIS Application Layer. Version 0.0.16 vom 07.05.2018

UNISIG: SUBSET-130: ATO-OB/ETCS-OB FFFIS Application Layer. Version 0.1.0 vom 04.05.2018

UNISIG: SUBSET-139: ATO-OB/Vehicle Interface Specification FIS. Version 0.0.3 vom 08.04.2018

Stichwortverzeichnis

© Springer-Verlag GmbH Deutschland, ein Teil von Springer Nature 2022
L. Schnieder, *European Train Control System (ETCS)*,
https://doi.org/10.1007/978-3-662-66055-3

Printed in the United States
by Baker & Taylor Publisher Services